Healthy Homemade Snacks

纯天然手作零食

肥丁 著

中国轻工业出版社

目录

Part 1
水果类
Fruit

留住时令一刻

　　水果新鲜吃最好，可惜当季水果保存期短，而且有些情况不方便吃新鲜水果，如冬天洗切水果的冰凉感让人有些抗拒，或在办公室不方便洗切又怕弄脏双手，郊游、登山或露营时，水果保鲜也是麻烦事。

　　纯天然手工制作的脱水水果干正是理想的小零食。将吃不完的水果晒干或腌制，即使错过了当季水果的食用期，仍然可以品尝到心爱水果旳美味。干制或腌渍的水果，同时兼顾营养与美味！省去切水果的麻烦，方便携带，更符合绿色健康的需求。

干燥水果干
百分百原味水果

以低温长时间干燥的水果干，既保留水果营养，又方便食用，不添加任何额外成分，100% 原汁原味。甜味水果如苹果、香蕉等能把滋味完整封存在薄薄的果肉中。酸酸的猕猴桃，避免了生吃时舌头疼。圆圆的甜橙干和柠檬干像个大金币，做成圣诞新年挂饰喜气洋洋，或切碎做面包、饼干或糖果的配料，或加入红茶中，冲泡成水果茶也超级棒。

薄切草莓片

🕐 风干时间：2 小时

草莓蒂部常藏有较多的农药，需清洗干净再去蒂，尽量切薄，干燥后才会脆，铺在风干盘上，不要重叠。草莓薄片完全干燥后可研磨成草莓粉，作为天然色素。

薄切苹果

🕐 风干时间：6~7 小时

苹果洗净，切半，用切片器切成厚薄一致的薄片，放入大碗中。苹果容易氧化，可以加入一大匙柠檬汁，使每块薄片都蘸到柠檬汁，静置 5 分钟。排在铺有烘焙纸的干燥盘上，用小网筛筛入肉桂粉，若不喜欢肉桂，可省略。

薄切甜柿

🕐 风干时间：6~7 小时

要选果肉厚实的甜柿，切半，用切片器切成厚薄一致的薄片。甜柿不容易氧化，直接风干就可以了。

薄 / 厚切香蕉

🕐 风干时间：12 小时

将香蕉薄片放入碗中，加入柠檬汁和清水，柠檬汁一定要没过香蕉薄片，静置10~15分钟，防止香蕉氧化变黑。泡过水的香蕉片较柔软，小心铺在干燥盘上，不要重叠，中途不用翻转。薄片约6小时完成干燥，厚片约12小时或以上，干燥至你喜欢的口感。

Tip 香蕉要选刚刚成熟的，太熟容易发黑和软烂，若出现梅花黑点就不适合制干。香蕉水分较多，可放进冰箱冷冻室10分钟，硬一点较好切。

薄切甜橙 / 柠檬

🕐 风干时间：12~15 小时

甜橙和柠檬切半，用锋利的刀切成0.3厘米的薄片，越薄干燥时间越短。

厚切猕猴桃

🕐 风干时间：15 小时

猕猴桃切厚片，厚片嚼劲较好。铺在干燥盘上，不重叠，中途不用翻转，干燥至你喜欢的口感。

厚切蜜瓜片／哈密瓜片

🕐 风干时间：14~16 小时

哈密瓜切成约 0.6 厘米厚片，不完全脱水的厚片口感比较像软糖。

薄切红肉火龙果片

🕐 风干时间：16 小时

将火龙果切半，去皮，尽量切薄。薄片完全干燥后可研磨成火龙果粉，作为天然色素。

水果干的营养、颜色和口感

水果片越薄越脆，越厚越有嚼劲。低温烘干对于水果中的维生素和酶的破坏较小，水果中的酶在 42~70℃会灭活，维生素 C 在 60℃以上会被破坏，所以干燥的温度适合在 40~50℃。

无添加任何物质的新鲜水果干，颜色变暗沉属于正常。市售有些脱水蔬果并非热风干燥而是低温脱水制成，不会出现变色问题，不过低温脱水的机器成本很高。家用干燥机用热风加热，水果氧化较快，苹果、香蕉可用酸性的果汁，如柠檬汁、百香果汁腌渍 10~15 分钟，延缓变黑。

另外，干燥当天的湿度和温度直接影响干燥速度，湿度越高，干燥速度越慢。每台干燥机的温度调节和功能有差异，建议时间只作为参考。

保质期

最佳保质期约 75 天，放入自封袋冷藏。

小叮咛

即使是水果干，一样能摄取到膳食纤维和维生素。每天食用约平时水果量的一半，吃了水果干就不应再吃等量的水果了。

水果干脱水后甜度相当高，热量也高，由于体积小，容易一口接一口吃完一整包，不宜单独以果干类为点心，最好搭配其他食物。水果干含有果糖天然甜味，可取代精制白砂糖，如加入麦片、酸奶一起吃，有饱足感又不会过量。

低糖蔓越莓干
甜酸的北美红宝石

低糖

[材料]

新鲜蔓越莓 ………… 200克
原蔗糖或赤砂糖 ……… 60克

蔓越莓又称小红莓，有美白和抑菌的功效，本身酸涩味浓重，市售的蔓越莓干会加入大量的糖来调味。自己制作可调整糖的用量。

蔓越莓干很耐放，可以单吃，也适合制作面包、松饼、蛋糕。

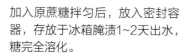

1
蔓越莓用刀割开一个刀口，但不要切半。

2
加入原蔗糖拌匀后，放入密封容器，存放于冰箱腌渍1~2天出水，糖完全溶化。

3
蔓越莓平铺在烘焙纸上，以45℃低温烘干约2小时。干燥的程度可依自己喜好，完全干透口感较差。

⏱ 保质期
用烘焙纸包好放入保鲜袋，冰箱冷藏1~2个月。20℃以下，可室温保存2~3周。

✔小叮咛
大部分市售的蔓越莓干为了防粘，加入少许油。自己做的就无需加油。腌渍出水的蔓越莓糖浆，可保留用于冲调饮料。

葡萄干

肉软清甜
营养丰富

干燥的天气，最适合制作葡萄干了。比糖果更健康的纯天然零食，又是烘焙的好材料。可惜市售葡萄干为了防粘和使色泽更好而加油，使原本的天然产品不再单纯。自然干燥而成的葡萄干，完美呈现的天然风味，让你享用美味无负担！

不加糖和油

[材料]

无核珍珠葡萄……1800克

（可制作约700克）

⏱ 保质期

葡萄干的含水量只有15%~25%，果糖高达60%，非常甜。置于冰箱可保存半年以上，久放会产生糖结晶和变酸，味道变差。

✔ 小叮咛

• 珍珠葡萄又称香槟葡萄，细小无核，大颗葡萄体积太大，要很长时间才能烘干。
• 葡萄干适合阴干，太阳下曝晒会使葡萄干产生酸味。
• 天然干燥只适合在天气干燥或长期开暖气的环境下进行，放在通风处干燥需时约一周或更长时间。若天气潮湿，葡萄在室温放几天便会变坏。

1

珍珠葡萄用流水洗净，去蒂，把坏的葡萄挑出来，放入干燥机前先用风扇把葡萄吹干，缩短干燥时间。

2

干燥机烤盘上铺上烘焙纸，放上珍珠葡萄，尽量不重叠。

3

45℃干燥8小时，然后再以70℃干燥约8小时，葡萄体积缩小但未完全脱水。

4

装入盒子里，不加盖，送进冰箱再进一步脱水，会变得更好吃。

无糖凤梨干花
清新脱俗的甜点装饰

宛如一朵朵盛放的太阳花，薄薄的外圈吃起来甜酸酥脆，中心有嚼劲，若装饰杯子蛋糕、冰淇淋，画龙点睛。不加糖，只要有烤箱和马芬烤盘，在家也可以轻松做。

[材料]

新鲜凤梨 ·················1颗

（可制作约 40 克）

1

凤梨去皮，去钉，用切片器切出厚薄一致约0.3厘米的凤梨薄片，越薄越好，否则烘烤时不易弯曲。

2

凤梨薄片放在铺有烤盘布的烤盘上，以100℃烤20分钟，凤梨片烤软，体积缩小约1/3。

⏱ 保质期

将食用防潮包放入密封容器，室温保存2~3天。冰箱可保存3~4个月。凤梨干花长时间接触空气，容易回潮软塌，送回烤干15分钟就会变脆。

✔ 小叮咛

挑选成熟体形小的金钻凤梨，味道更好。马芬烤盘的每个模子直径最好是凤梨片直径的一半。

3

将烤软的凤梨片转移到马芬烤盘中，100℃烤25~30分钟，边缘较薄部分会先烤成焦色，自然弯曲。不时检查，防止凤梨花烤焦。

4

凤梨片水分完全干燥后变脆，自动定型，等放凉即完成。

低温烘焙芒果干
爱情之果的甜酸滋味

芒果干健胃益眼降低胆固醇。由于没有加入添加剂作硬化处理，自己加工的芒果干果肉较软，低温烘烤锁住原色原味，果味清香，质感扎实，糖量可以自己调整。

[材料]

芒果 ·················· 450克
原蔗糖或赤砂糖 ······· 30克
蜂蜜 ···················· 1大匙
柠檬汁 ·················· 1大匙

⏱ 保质期
用烘焙纸包好，放入保鲜袋，冰箱存放约1个月。

✔ 小叮咛

• 芒果品种和品质直接影响芒果干质量。芒果不宜太熟，肉质要肥厚，细致挺实，纤维少。
• 若以日照晒干需要1~2天，罩上纱网防止小虫，没太阳时收起来放入冰箱。潮湿或下雨天不宜制作。

1 芒果去皮，把果肉切成0.5~1厘米的厚片，果肉保留一点厚度，干燥后口感才好。

2 混合蜂蜜及柠檬汁，搅拌至蜂蜜溶化，倒入芒果肉里，加入原蔗糖，拌匀，放入密封玻璃容器中，存放冰箱腌渍1~2天。

3 把芒果片平铺在烘架上，互不重叠，放入烤箱中，以45℃低温烘6~8小时。

4 每2小时翻面一次，干燥程度依个人喜好调整，若完全干透，口感较差。

13

洛神花蜜饯
季节限定的开胃零食

新鲜洛神花不耐存放，做成蜜饯果形漂亮，甜酸又爽脆。
传统方法须加入大量的糖才能中和酸味。若先用盐腌，让
酸中带甜的味道再丰富一点，就可减少糖渍时糖加入量。

[材料]

新鲜洛神花 ········· 300克
海盐 ················ 1小匙
原蔗糖或赤砂糖 ······ 80克
柠檬汁 ··· 适量（选择性加入）

1

洛神花用流水冲洗干净，沥干。

2

在洛神花尾部切一刀，刀口直径
约0.3厘米，用拇指将种子由后
方往前推出，得到完整花萼。

3

洛神花与海盐拌匀，静置3～4
小时出水，把腌出来的红色汁液
倒去。

4

以沸水烫泡洛神花约30秒，不能
泡太久，否则花肉不爽脆。

5

捞起洛神花，移到冰水中至完全
冷却，捞起沥干，用厨房纸擦干。

6

将洛神花放入消过毒的玻璃瓶
内，一层洛神花一层糖，加少许
柠檬汁。盖好，室温蜜渍3天，
每天摇晃一下，让汁液均匀浸到
所有洛神花，防止发霉。

⏱ 保质期

完成后放冰箱冷藏可保存1～2个月。

✔ 小叮咛

洛神花降血压，孕妇、体质虚
弱的女性不宜食用。

草莓软糖卷

浓缩满满天然果香

以新鲜水果汁低温烘干而成，通称为水果卷。果胶丰富的水果如芒果、蓝莓都很适合制作。加入柠檬汁，有助释放出果胶，增加软糖的爽滑和弹性，还可发挥创意混合多种水果做成不同的口味，可自己调整甜度，选择糖的种类。

不含人工色素

[材料]

（可制作约8根）

新鲜草莓 ············· 300克

蜂蜜 ················· 1大匙

柠檬汁 ················ 1大匙

ps：可以用 400 克新鲜芒果制作出芒果口味。

1 草莓切小丁，切去易存较多农药的蒂部。加入蜂蜜和柠檬汁，搅拌均匀，室温腌渍约30分钟。

2 用果汁机打成果泥，小火熬煮10~15分钟，蒸发掉部分水分，捞去浮沫。

3 果泥倒入干燥机的塑胶制无孔烤盘，轻摇烤盘让果汁均匀分布，果汁厚0.3~0.5厘米，70℃烘烤约6小时。

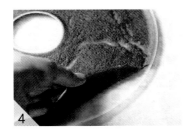

4 用手触摸软糖表面，不粘手且没潮湿感，说明烘烤完成，若边缘烘透中间还没好，再烘30分钟。整片撕下来。

5 底部黏黏的一面贴在烘焙纸上，剪裁成喜欢的形状。

6 连同烘焙纸一起卷成条状，不粘手又卫生，方便携带。

✔小叮咛

• 果汁煮过然后烘干，软糖卷较不容易裂开，但不是必须的，有些水果加热会变色。糖的种类和加入量可自己选择和调整，砂糖、蜂蜜、麦芽糖都可以。蜂蜜容易引起过敏，3岁以下的宝宝，食用砂糖或麦芽糖较为适合。

• 干燥一定要低温，食物干燥机制作最理想。烤箱温度不均，较易烤焦，若以烤箱制作，烤盘要铺烘焙纸，不时打开烤箱门散去水汽，温度相同，干燥时间依果泥厚薄而定。

⏱ 保质期

软糖卷放入保鲜袋，冰箱保存约 1 周。

西瓜冰棒

天然果肉超逼真

西瓜沙沙甜甜水分超多，火辣辣的天然红，是非常引人注目的天然色素。瓜皮与果肉之间的白色部分，用洁白的椰浆做出的层次感十足。瓜皮用与西瓜甜味搭配的猕猴桃泥，葡萄干嵌进西瓜冰里佯装西瓜籽，三层口感，好看又好吃。

不含人工色素

【材料】

（份量可制作6根，
每根容量约80毫升）

【模具】

冰棒模具

【红色】

新鲜西瓜汁 ………… 300克

枫糖浆/蜂蜜 …… 3～6大匙

（甜味可自己斟酌，不加糖可省略）

岩盐 ………………… 适量

新鲜柠檬汁 ………… 1大匙

【白色】

椰浆 ………………… 6大匙

（牛奶、豆奶都可以）

枫糖浆 ……………… 2小匙

（椰浆本身没甜味，若只想吃椰子味，
可以不加糖）

岩盐 ………………… 适量

（提升椰浆的鲜味，如用牛奶、豆奶，
则不用加）

【绿色】

猕猴桃 ……………… 1～2颗

枫糖浆/蜂蜜 ……… 2大匙

新鲜柠檬汁 ………… 1大匙

【西瓜籽】

葡萄干 …………… 约30颗

（每根3～4颗）

1 西瓜肉切丁，加入枫糖浆，少许盐及鲜榨柠檬汁，用手提搅拌棒打成西瓜汁，再用网筛过滤西瓜籽。

2 西瓜汁倒入漏嘴量杯里，再从冰棒模的正中央倒入约2/3满，若果汁粘上模壁，先冷冻一会，再用湿的厨房纸巾擦干净，果汁不粘模壁，冰棒外观才会漂亮。

3 盖好冰棒模盖，放入木棍，冷冻3~4小时。

4 待红色部分结成冰，小心打开模盖，贴着模壁放入葡萄干，每支3~4颗，用木棍下推葡萄干，以便嵌进西瓜冰里。

5 倒入约1厘米厚的椰浆，如粘上模壁要擦干净，不加盖，冷冻约45分钟。

6 猕猴桃切半，用汤匙刮出果肉，加入柠檬汁和糖，打成果泥，放进冰箱冷藏备用。不要打碎猕猴桃籽，否则果籽会释放出暗蓝色。

7 椰浆结冰后，倒入猕猴桃泥，加盖，冷冻30~45分钟。

8 吃的时候脱膜，将模具泡入温水10~15秒，外层退冰，有分离现象，就可以轻易脱离。温水不可泡太久，否则冰棒会溶化。

✔小叮咛

- 制冰棒要使用食用级的专用木棍，别买成手工用木棍。可用纸杯取代冰棒模，冷冻后撕掉即可。
- 每一层果汁一定要冷冻成冰，才能倒入下一层，否则液体之间互相渗透混合，无法形成分明的层次。
- 冷冻库里存放东西越多，制冷速度越慢。冰箱温度下调至最低，清理出空间，或预先制好冰块包围冰棒模具，使模具直接冷却，可加快冷冻速度。

Part 2

蔬菜类
Vegetables

田园小清新

    在蔬菜供应充足时，新鲜自然是最好的选择。然而在有些特殊情况下，如没时间做菜、野餐、远足或旅游，难以保持蔬菜的供应，此时蔬菜零食是个不错的选择。一些蔬菜干制后风味独特，换换口味，给味蕾带来崭新的感受。

    蔬菜零食并不是只有马铃薯片！地瓜、香芋、甜菜根等吃起来也很解馋，完全可取代吃马铃薯片的欲望。干制后的蔬菜，不具备微生物生存的条件，达到防腐的效果，保质期长，方便携带。不过市售的蔬菜片多以油炸处理，脂肪含量高，吃了反而增加身体负担。

免炸烤蔬菜片

轻盈蔬食好安心

咬起来咸香脆口的马铃薯片，如果经过高温油炸，容易对身体造成负担。其实地瓜、芋头、甜菜根这些根茎类蔬菜，营养丰富，烤脆后味道也很棒！切薄片，洗掉附着的淀粉，热量更低，不油炸，不上火！

[材料]

马铃薯／黄色或紫色地瓜／
／芋头／甜菜根

.... 各140克

[调味料]

（一种蔬菜的份量）

| 油 | .... | 1大匙 |

有机苹果醋 1大匙
（甜菜根则用意大利黑醋取代）

岩盐 .... 适量

黑胡椒粉 .... 适量

1
马铃薯、地瓜、芋头用流水清洗，用刷子将表面的泥土刷洗干净；甜菜根去叶茎，在流水下，用刷子将表面的泥土刷洗干净。

2
去皮，用切片器切成厚薄一致的薄圆片。

3
马铃薯、地瓜、芋头、甜菜根分别放入几个大碗中，加入少许盐，等出水15～20分钟后，倒掉出水。

4
蔬菜片用清水浸泡20分钟，洗去多余的淀粉，就会变得弯弯曲曲的。

5
放在厨房纸巾上吸干水分，马铃薯、地瓜、芋头片混合苹果醋，均匀蘸到薄片上，再涂上一层薄油。甜菜根片混合意大利黑醋与蜂蜜。

6
涂上一层薄油，撒上黑胡椒粉。平铺在已放有烤盘布的烤盘上，不要重叠。

7
烤箱预热至160℃。将蔬菜片送进烤箱，以150℃烤5分钟，油发出噼啪的声音，薄片开始收缩，降温至100～110℃，再烤20～25分钟。用手捏感觉薄片变硬，放在网架上待凉，凉透的薄片很脆。

⏱ 保质期

蔬菜片冷却后，立即放入密封容器保存，室温保存3～4天。若蔬菜片受潮变软，可放入烤箱以90℃回烤5～10分钟。

✔小叮咛

• 高温下马铃薯片烤脆至变焦的过程非常快，快烤好时要在旁观察。每个烤箱环境和温度有所差异，即时调整温度和时间。

• 甜菜根色素对光和热敏感，为避免薄片变色，烘烤时可盖上铝箔纸。

羽衣甘蓝脆片
口感像紫菜的超级零食

羽衣甘蓝属十字花科蔬菜，近年来被视为热门的超级食物，被西方喻为"抗癌明星"。可以生吃做沙拉，最流行的吃法是烤成脆片，入口"沙沙脆"的清爽口感像紫菜，热量比马铃薯片低。不过吃很多这种蔬菜并不是就不会患癌症，健康饮食多元化才是王道。

[材料]

（可以烤两盘）

新鲜羽衣甘蓝	一大束
初榨橄榄油	2大匙

[调味料]

自制蒜粉	1/2小匙
（见P.155）	
自制洋葱粉	1/2小匙
红甜椒粉	1/2小匙
岩盐	适量

⏱ 保质期

放保鲜袋密封保存，若回潮变软，100℃回烤10分钟，烘干水汽，叶片就会变脆。

1
分离羽衣甘蓝的茎和叶，一手抓住叶柄，一手抓住叶子，稍微用力一扯，就能轻易分离茎叶。把较粗的叶脉撕掉，烤好会更脆。茎可以切丁留下做沙拉，或打成果汁。

2
叶用流水冲洗干净，彻底沥干水分，用棉巾或厨房纸巾吸干叶面的水分，叶片表面没有水分才容易烤脆。

3
烤箱预热至140℃。叶片放入大碗中，加入油，用双手轻轻按摩，让所有叶片的两面沾满油，加入蒜粉、洋葱粉、红甜椒粉及岩盐调味。

4
平铺在烤盘上，叶片之间不重叠，放进烤箱140℃烤10分钟。取出，烤盘旋转180°，再放进烤箱，降温至130℃烤5~8分钟，叶片变枯叶色，烤至香脆，一捏即碎，即可享用。脆片容易回潮，即烤即吃最香脆可口。

无糖地瓜干
耐心烘干十足原味

香甜的地瓜干，韧韧的带着嚼劲，吃起来停不下来，是人们非常喜欢的天然零食之一。利用烤箱，重复蒸熟烤干，使地瓜的纤维逐渐变软，口感会更好。不添加糖和色素，原味十足，越嚼越有滋味。

[材料]

黄色地瓜 ………… 1~2个

1

地瓜洗净，放入电饭锅中隔水蒸熟20分钟。

2

稍放凉后，去皮，切成约1厘米粗条或切片，条状比片状干得快。

⏱ 保质期

用保鲜袋包好放进冰箱可保存2~3个月。冰箱会使地瓜干的水分进一步降低，回锅蒸软即可享用。

3

制干方式可分成三种：
①烤箱：放入40℃的烤箱烤3~4小时，取出放凉，放进冰箱半天可进一步干燥。
②太阳晒干：放在阳光下照射，偶尔要翻面，需要3~4天。
③暖气：放在暖气上或附近的位置10~12小时。

4

把干燥的地瓜放回电饭锅中蒸15分钟，再烘干一次，重复3~4次，口感更软。

✔小叮咛

干燥程度与温度和湿度有关，秋冬天气干燥，最适合在持续天气晴朗的日子制作。

玉米脆片
开启充满活力的一天

大人和小朋友都喜欢的方便早餐，用新鲜玉米加入玉米淀粉、石磨玉米面粉等自制玉米片，淡淡的玉米味，薄而松脆，成品虽然不是百分百和市售的一样，但搭配水果干、牛奶或豆浆，照样饱腹又满足。

不油炸

[材料]
（份量约110克）

新鲜玉米粒	60克
石磨细玉米面粉	35克
玉米淀粉	10克
低筋面粉	5克
原蔗糖	5克
岩盐	1/2小匙
初榨橄榄油	1大匙
热水	2大匙

1
玉米蒸熟，刨粒，加入热水，用手提搅拌机打成玉米泥。

2
将石磨玉米面粉、低筋面粉、玉米淀粉、糖、盐及油放入大碗中搅拌混合，加入玉米泥，用刮刀搅拌成湿润的面团，面团分成4份。

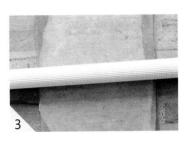

3
烤箱预热至170℃。取一份面团放在烤盘布上，塑成长方形，铺上另一块烤盘布，用擀面杖擀开，越薄越脆，烘烤的时间也越短。

4
连同覆盖的烤盘布一起放进烤箱。160℃烤4分钟，取出，便能轻易掀起烤盘布。

5
送回烤箱160℃再烤4分钟，玉米片边缘开始卷起，翻面，降温至100℃再烤3~4分钟。

6
玉米片烤至微黄色，关掉烤箱，玉米片的水分进一步蒸发。放凉后会变得更脆，用手掰成小块。

⏱ **保质期**
做好放进密封的保鲜袋中，室温可存放3~4天。

👨‍🍳 **小教室**

【石磨细玉米面粉】
　　材料里的两种玉米粉，由不同方法提炼。玉米淀粉是由玉米提炼的白色"淀粉"，没有玉米味，加水煮熟后凝结成浓稠的效果，常用于勾芡。
　　玉米面粉由干燥的原颗玉米磨成，保留壳、胚芽、香味和营养，这里用最细的石磨玉米面粉。

[材料]

爆裂玉米粒 ·········· 200克
榛子油（任何植物油或坚果油）
·········· 1~2大匙

[调味料]

奶油焦糖

无盐黄油 ·········· 80克
枫糖浆 ·········· 40克
岩盐 ·········· 1/4小匙
香草精 ·········· 1/4小匙

素食焦糖

杏仁坚果酱 ·········· 120克
有机冷压椰子油 ······ 30克
枫糖浆 ·········· 70克
天然香草精 ·········· 1/4小匙
（见P.154）
岩盐 ·········· 少许

[锅具]

24厘米连玻璃盖不锈钢锅，玻璃锅盖较容易观察锅中的情况

焦糖爆米花
香甜松脆手工现爆

看电影配上一桶爆米花，真是一种享受。利用空气爆米花，热量低，包裹上一层脆脆的焦糖衣，不需要特别的爆米花机，几分钟搞定，香气很快溢满室内。

爆玉米粒

1

玉米粒放入有深度的杯子里，摇晃几下，沉到底部的玉米粒较不容易爆开，用汤勺舀出上面的玉米粒，沉在杯底的一层弃掉。锅中倒入油，小火加热，油开始冒白烟，加入爆米花，盖上锅盖，摇晃锅避免玉米粒烤焦，均匀裹上油，让锅内的温度持续上升。

2

转至小火，加热3~5分钟后，玉米粒开始爆起来，直至爆完5~10分钟，时间视炉具的火力、玉米粒数量和品质而定，其间切记不要因为好奇打开锅盖，锅内温度不足，玉米粒不会爆开。

3

观察锅内的情况，玉米粒爆响音停止即完成，离火，取出，加入焦糖酱混合，即可享用。

素食焦糖口味

1
锅里放入坚果酱、椰子油、枫糖浆、岩盐及香草精。

2
小火加热，慢慢把浓稠的材料搅拌变软，充分混合至酱料不粘锅底，离火。

3
加入爆好的爆米花，均匀蘸上坚果酱即可享用。

奶油焦糖口味

1
无盐黄油室温软化，若使用冰黄油和室温枫糖浆混合，温差太大容易油水分离。

2
小锅里加入黄油、枫糖浆，小火慢慢加热，用木勺搅拌，边融化边混合。火力一定要足够小，否则容易油水分离。黄油融化后很容易焦锅，请守在炉边小心观察。

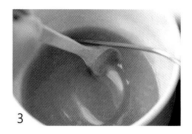

3
若出现油水分离，离火一会，稍待降温，用木勺搅拌一下，又会再度融合，若焦糖温度超过100℃，冷却后凝固变硬，便很难再搅拌融合了。

4
焦糖小火加热到80℃，糖和油均匀混合煮至冒出白烟，基本上就煮好了，焦糖温度越高，冷却后越脆硬。加入盐和香草精，拌匀，趁热淋在已爆开的爆米花上，拌匀，即可享用。

⏱ **保质期**

爆米花现做现吃，放入保鲜袋或保鲜盒可保存1～2天，若受潮变软，放进烤箱80～100℃回烤10分钟。

✔ **小叮咛**

焦糖酱放凉后会变硬，先做好爆米花，放入烤箱内80℃保温，然后立即做酱，加入拌匀。

🧑‍🍳 **小教室**

【爆裂玉米】

能够制作成爆米花的玉米种子，必须是爆裂玉米。如果种子存放太久，过度干燥，水分含量太低时，就不会爆裂。

Part 3

肉类·海鲜
Meat & Seafood

新鲜解馋好滋味

还没到正餐又饿了，肉类零食就成了止饿的神器，随时满足想吃烧烤的味蕾，热量也比较低。肉类、海鲜含有丰富的蛋白质、氨基酸、铁、锌等营养成分，是其他零食所不及的。对于无肉不欢的朋友来说，品尝制成零食的肉类和海鲜，又是另外一番风味。

市面上虽然有各式各样方便的现成肉制品，但是食材来源是否新鲜？制作环境是否卫生？都很难确定。肉品保存原是人类的智慧结晶，加上各式现代家庭电器和厨具的辅助，只要懂配方和流程，就能轻松搞定。天然，没有过度调味，美味又安心。

蜜汁猪肉干

天然酱色熏香诱人

在家烤制猪肉干原来蛮轻松的，不用担心吃到过多的防腐剂和味精，又经济实惠。新鲜猪里脊肉搅碎→调味→擀薄→烘烤，细心调节烤箱温度，别让肉干烤焦，调味料和厚薄就随你喜欢而定。

[材料]（份量12块）

猪里脊肉馅 ………… 300克

酿造酱油 …… 1大匙＋1小匙

鱼露 …………………… 1小匙

玫瑰露 ………………… 1大匙

原蔗糖或赤砂糖 …… 20克

古法麦芽糖 ………… 1小匙

白胡椒粉＆白芝麻 …… 适量

蜂蜜 …………………… 1小匙

1

混合酿造酱油、鱼露、原蔗糖、麦芽糖。隔热水融化麦芽糖酱料至完全混合。

2

腌料加入猪里脊肉馅，加入白胡椒粉及玫瑰露，用筷子朝一个方向搅拌3~5分钟，猪肉搅拌至起胶不再粘在碗上即可。盖上保鲜膜送进冰箱腌2~3小时，腌过夜更入味。

3

烤盘上铺上铝箔纸。150克的猪肉放在烤盘布上，盖上一层保鲜膜用擀面杖擀平至厚薄均匀，拿掉保鲜膜，将烤盘布移到烤盘上。

4

烤箱预热至150℃，将烤盘送入烤箱烤15分钟，若盘中有肉汁则倒去。

5

两面均匀涂抹上蜂蜜，并撒上白芝麻。

6

再入烤箱降温至140℃，继续烤10分钟，肉干缩小约一半，肉片结实，传出香气即完成。放凉后，将烤焦的边缘剪去，剩余的剪成长方形的形状，即可享用。

⏱ 保质期

用保鲜袋包好，冰箱保存约1周，食用时用烤箱加热。

✔小叮咛

• 肥肉的比例影响肉干质感，肥肉越少越柴。

• 里脊肉操作时最好保持在12℃，即冰凉的状态，做出来肉干口感才好。

• 肉干水分烤干后很容易烤焦，第二次送入烤箱后，要观察肉干的情况。不同烤箱和环境有所差异，温度和时间要自己调整。

👨‍🍳 小教室

【鱼露】

鱼露是以海鱼加入食盐发酵，在各种微生物分泌酶的作用下，酿造出来的美味液体，是东南亚料理常用的调味料之一。泰国鱼露较咸，气味较呛鼻；越南富国出产标示度数的鱼露，度数越高，味道越醇。

猪肉松

香酥好吃无添加

熬汤后的猪肉很柴，不吃又觉得浪费，拆丝炒香，完全不用加油，慢火烘烤成酥酥脆脆的猪肉松，容易消化，保证新鲜又没有添加物。分两次加入调味料焖肉，可防止肉质表面过咸，让调味料均匀渗入肉质纤维中，以免肉丝的颜色过深。

[材料]（份量约50克）

瘦猪后腿肉 ·········· 500克

[调味料]

【第1次焖煮】

葱 ··········	1棵
薄切姜片 ··········	6~7片
米酒 ··········	1大匙
酿造酱油 ··········	1小匙
味淋 ··········	1大匙
冷水 ··········	500毫升

【第2次焖煮】

酿造酱油 ··········	1大匙
原蔗糖或赤砂糖 ··········	1小匙
五香粉 ··········	1/4小匙
热水 ··········	250毫升

1　猪肉切成3~4厘米的方块。

2　放入冷水中，中火加热煮沸，烫去血水，5分钟后猪肉全熟，捞起洗净。熬过汤已熟的瘦肉可省略出血水的步骤。

3　葱切段。小锅里加入猪肉、姜片、葱及500毫升冷水，大火煮滚，加入米酒、酱油、味淋。转至小火焖煮30分钟。

4　待汤汁差不多收干，捞起姜片和葱，加入250毫升热水、五香粉、原蔗糖及酱油，加盖以小火焖煮约20分钟，若水煮干了再添少许热水。

5　用叉子将焖好的猪肉捣松成粗肉丝，以最小火翻炒15~20分钟。

6　水分烘干后，猪肉的粗肉丝会慢慢散开变松酥，色泽变为褐色，冷却后晾干，即可享用。

🕐 **保质期**

保存于密封的瓶罐中，室温可保存约1周。肉松越干燥，保质期越长。

✔**小叮咛**

• 若觉得炒肉松太累，先将猪肉捣散，放入面包机，启动果酱模式烘搅，由于温度和时间是预设的，需要从旁观察，以免炒过头。

• 炒肉松需要耐心，火力不能太大，锅温度若是太高，肉松容易炒焦，适时熄火利用余温继续烘干肉丝，锅冷却后再开火烤，肉松不易上火。

牛肉丁
一口一丁吮指回味

牛肉干有各种形状。切片咬起来扎实有嚼劲,吃得过瘾。切丁让调味料快速入味,缩短制作时间,容易控制食量。可做菜或拌沙拉吃,也可以作为小零食。

[材料](份量约300克)

牛肉丁	600克
酿造酱油	2小匙
鱼露	2小匙
原蔗糖或赤砂糖	2大匙
咖喱粉	1小匙
红甜椒粉	1/2小匙
姜片	5片
葱	1棵
米酒	1大匙

1
把牛肉丁放入冷水中,水要盖过牛肉,小火加热,慢慢煮滚去掉血水,撇去浮沫。加入姜、葱及米酒,小火煮10分钟。刚买的大块新鲜牛肉,先放入冰箱冷冻室10分钟,变硬后较容易切成厚度大小一致的牛肉丁。

2
用网筛过滤血水,取出牛肉丁。沥干水分后把牛肉丁放入大碗中。

3
依序加入酱油、鱼露、糖、咖喱粉、红甜椒粉,混合混匀。放入冰箱腌渍约2小时或过夜。

4
牛肉丁排在铺有烤盘布的烤盘上。送入烤箱100℃烘烤约30分钟。

5
牛肉丁稍微收缩,表面干燥就差不多了,翻面,再烤10分钟,就完成了。刚烤好的牛肉丁较干硬,取出放凉回潮,肉质便会稍微恢复松软,嚼劲更好。

⊙ 保质期
牛肉丁用保鲜袋包好放冰箱可保存2~3天,食用时回烤把湿气烤干。

✔ 小叮咛

• 肉片水分越低越硬,烤干的程度可依个人喜好调整,下锅炒干都行。

• 牛肉不要煮太长时间,否则牛肉丁容易松散。

• 咖喱粉可以选购市售的,也可自行搭配香料,调配出自己喜欢的味道。

鲑鱼松
营养美味都兼顾

鲑鱼容易消化，营养又好吃，适合孩子和年长者。可惜市售鲑鱼肉松制作过程添加过多的油、糖、盐等调味料，增加身体负担。把鲑鱼烤熟后去骨炒成鱼松，真是再简单不过了，用面包机炒更加轻松了。鱼松吃法多变，可以做饭团、三明治、汤头，加入芝麻和海苔更美味。

[材料]（份量约 90 克）

新鲜鲑鱼 ……………300克
自制盐曲 ……………3大匙
（见P.155）

日本赤味噌 …………1大匙
原蔗糖或赤砂糖……2小匙
米酒 ……………………适量
白胡椒粉 ………………适量

1 混合盐曲、赤味噌、糖、米酒及白胡椒粉，把调味酱均匀涂抹在鲑鱼上，放进冰箱腌1小时。

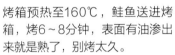

2 烤箱预热至160℃，鲑鱼送进烤箱，烤6~8分钟，表面有油渗出来就是熟了，别烤太久。

3 用大匙刮出鱼肉，放在网筛上，网筛下放大碗盛滴下的鱼油。把细骨挑出来。用叉子压散鱼肉，尽量榨出鱼油。鱼肉压得越散，炒出来的鱼松越蓬松。

4 鲑鱼肉放入面包机的烤箱内，设定"果酱模式"，盖好，每隔20分钟用橡皮刮刀把粘在烤箱壁上的鱼肉刮下来，防止烤焦。

5 一开始用面包机炒，鲑鱼水分多，可能要2~3次设定才能炒到松酥，中途可用橡皮刮刀把结块的鱼肉拨松，随时试吃，如果酥松度够了，就将设定解除。

✔小叮咛

• 没有面包机，可用平底锅小火炒干，30~40分钟即可。
• 不论使用面包机或平底锅，最后阶段一定要留意炉火。
• 榨出来的鱼油，可以冰箱保存4~5天，炒菜时当普通食用油使用。倒入制冰格内冷冻保存可延长保质期。

小教室

【盐曲】

　　日本的天然发酵调味料，可取代盐，含有近100种酶、天然活菌、B族维生素等有益人体的成分。盐曲的咸度较低，不像盐，层次丰富，可减少肾脏的负担，能温和提升食材的鲜味，令肉质松软。

⏱ 保质期
完全放凉后，放进密封瓶内，可冰箱保存约1个月。

杏仁小鱼干
健康补钙又好吃

"杏仁小鱼干"做法其实超简单，将所有材料干炒，注意烘烤火力，你也可以轻轻松松上手，一次多做一些。杏仁香脆，小鱼外表裹上了一点芝麻添加香气，口感不干硬，可以放心地给小孩吃，快点学起来吧！

[材料]（份量约300克）

新鲜小鱼	400克
杏仁条	100克
白芝麻	20克
蜂蜜	2小匙
酿造酱油	1小匙
薄切姜片	5片
葱	1棵
米酒	1大匙

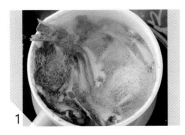

1 新鲜小鱼放入锅中，放入姜片、葱，加入热水煮至开始沸腾即离火。倒去煮过的鱼汤，重复2次，除去海水的盐分。煮小鱼不能大火沸腾，否则鱼肉过熟会烂掉。

2 小鱼排在烤盘上，表面涂上米酒。放入烤箱100℃烤30～40分钟脱水，时间依小鱼的体积而定，吃起来脆脆的就可以关掉电源，小鱼干留在烤盘上备用。

3 杏仁条放入平底锅，不用加油，小火干锅炒至颜色稍微变黄，之后还会再烤一次，不要烤过头了。盛起，锅里放入芝麻，用小火烤一会儿，边烤边翻拌。

4 加入已烤干的小鱼干及杏仁条，小火快速炒拌，融入味道。

5 加入酱油，利用锅里余温炒干，熄火。加入1小匙蜂蜜。芝麻粘住鱼干和杏仁条就行了，蜂蜜不用太多，否则太甜太黏，冷却后不松脆。

⏱ 保质期
密封保鲜盒保存约2周。

✔小叮咛
平底锅炒食材可翻拌材料使均匀上色。烤箱也可以制作，但芝麻容易烤焦，一定要在旁观看。

薄脆虾饼

无油免炸鲜香可口

薄脆虾饼很受大人和小朋友欢迎，薄薄脆脆很香很好吃。将威化饼的配方稍作改良，加入秘密武器"樱花虾"，香浓鲜虾味，微糖，没有人工色素。只要预备好面糊，放入蛋卷模一压就完成了！

[材料]

（份量 12 ~ 15 块）

木薯粉	100克
杏仁粉	15克
樱花虾干	15克
原蔗糖或赤砂糖	10克
岩盐	1/4小匙
自制蒜粉	1/2小匙

（见P.155）

冷水	100毫升
滚水	100毫升
米酒	1大匙

[工具]

蛋卷模

1

樱花虾干用研磨机磨成粉末。

2

木薯粉过筛，连同杏仁粉、原蔗糖、岩盐、自制蒜粉、1匙米酒一起加入樱花虾干粉中，加入100毫升冷水搅拌均匀成面糊。

3

将水煮至沸腾，一边搅拌面糊一边冲入滚水，滚水不要一次倒进面糊中，要分次少量加入，搅拌至完全没有干粉粒，成为略浓稠的半熟面糊。面糊的稠度要适中，不能太稠也不能太稀。如面糊太稀，可加点木薯粉。

4

蛋卷模放在炉火上，每面烤约1分钟预热至发烫，保持小火，舀一汤匙面糊，放在蛋卷模上。合上模盖，加热1分钟，虾饼翻面再加热1分钟，至完全松脆熟透。明火炉具加热不均匀，注意移动蛋卷模让边缘也受热均匀。

5

熟透的虾饼表面光滑，轻轻一掰就能裂成两半。如虾饼烤成黄色或褐色，表示火力太强；如表面凹凸不平，边缘部分软，表示边缘虾饼未熟，可把边缘放在中央再压烤30秒。

6

完成后放在网架上，放凉后会变得很脆。

⏱ 保质期

虾饼容易受潮，放入密封夹链保鲜袋，加入食用防潮包，4~5天内食用完毕。

 小教室

【樱花虾】

原名正樱虾，盛产于日本、中国台湾地区，属于深海虾类珍品，营养价值很高，最常见的是经过日晒干燥而成的樱花虾干。

鱿鱼丝
充满海洋气息

夏季新鲜海产纷纷"上架",海鲜零食又怎能少了充满嚼劲的鱿鱼丝。软足类的品种很多,鱿鱼口感较软嫩,腌渍脱水制干后,弹性好,非常有嚼劲,咬一口,鲜味一直在口中回味,不添加漂白剂、防腐剂及色素,丝丝分明,是看电视、看电影、好友聚会的最佳零食。

[材料]

（可制作约 70 克鱿鱼丝）

晒干鱿鱼 ……3尾（约120克）

清水 ……………350毫升

味淋 ……………60毫升

原蔗糖或赤砂糖

……………2大匙+1小匙

自制盐曲 ………2大匙
（见P.155）

自制蒜粉 ………2小匙
（见P.155）

米酒 ……………2大匙

1 移除鱿鱼的头部、触腕及半透明的软骨,从边缘把粉红色的外皮撕除。

2 用剪刀在鳍的位置剪开,顺着鱿鱼的组织横向用手撕成约1厘米宽的条状。

3 锅里放入鱿鱼、清水、味淋、原蔗糖、盐曲、蒜粉及米酒,加热至沸腾,转至小火煮5分钟,放进冰箱腌渍一夜。

4 次日取出鱿鱼,用网筛过滤汤汁。

5 平铺在铺有烤盘布的烤盘上,烤箱预热至100℃,烤20分钟脱水,不用完全干燥,保留少许水分才有弹性。

6 用手撕成细丝,即可享用。

⏱ 保质期

放入保鲜袋保存,夏天需放冰箱保存,3个月内食用完毕。

✔小叮咛

• 鱿鱼体长 15 厘米以上,且菱形的鳍长会超过身体的一半,口感较软嫩。

• 腌渍鱿鱼的汤汁非常鲜美,可保留做汤头。

Part 4

谷类·坚果
Grains & Nuts

营养正能量

　　谷物主要指禾本科粮食作物及其种籽，包括大米、小麦、玉米、小米以及其他杂谷，如高粱、野米、燕麦、薏仁米等，是许多地区的传统粮食。可惜我们平常吃的大米、面粉在精制的过程中，糠和谷物胚芽已被去除，只留下多糖类，其中的营养大部分已流失，加上忙碌的工作、不规律的作息以及频繁的外食，容易出现吃饱却营养缺乏的现象。

　　未精制的全谷物含有大量的维生素、矿物质、油脂、纤维素以及蛋白质，营养价值较精制后明显高出很多。坚果同样是出色的营养冠军，含有植物的精华部分，其油脂以单不饱和脂肪酸为主，还有优质植物蛋白质、氨基酸、矿物质、维生素、膳食纤维和抗氧化物质。全谷类、坚果正是现代人极其需要的营养宝藏。

谷物能量棒
给你活力满点

经常睡到最后一分钟，再匆忙起床赶去上班，没有时间吃早餐？混合苋菜籽、奇亚籽、多种坚果及生燕麦片，用熟香蕉、椰枣和有机蜂蜜等天然甜食取代精制白糖，高钙、高蛋白质、高纤维、高热量，也可作为运动或登山时补充能量的食品。

[材料]

（份量约18块）

原味生燕麦片	100克	食盐	1/8小匙
苋菜籽	80克	熟香蕉	2根
奇亚籽	20克	椰枣	60克
松子	35克	（不经二氧化硫处理）	
榛果	30克	无糖花生酱	2大匙
碧根果	30克	（见P.154）	
		蜂蜜或枫糖浆	2大匙

1　中火加热不锈钢锅，不放油，测试锅温，加入一大匙水，滴落锅里呈圆润的水珠，代表锅达到合适的温度。加入1大匙苋菜籽，立即转至最小火，苋菜籽爆响至弹跳20～30秒，爆响停止即可离火。

2　烤盘铺上烘焙纸。用手提搅拌机打碎松子、榛果及碧根果；椰枣切碎；熟香蕉去皮，放入大碗中，用叉子压成泥。

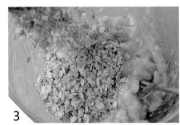

3　加入燕麦、苋菜籽及奇亚籽，搅拌均匀。加入椰枣和蜂蜜，搅拌均匀。

4　加入打碎的松子、榛子、碧根果及花生酱，搅拌均匀。如觉得不够甜，可多加1大匙蜂蜜，搅拌均匀。

5　烤箱预热至160℃，把材料全部倒进烤盘里，用刮刀均匀抹平。烤20分钟至表面呈金黄色。

6　取出切片，翻面再烤10～15分钟，边缘会更脆。放凉，包上烘焙纸，绑上绳子装饰。

✔小叮咛

- 苋菜籽可以用藜麦、小米代替。
- 苋菜籽爆过后比较松酥，不用一次爆太多，否则锅里温度快速下降影响爆米效果。若炉火太大，容易烧焦，开始爆响后就要离火。怕上火不爆也可以。
- 食材的份量和组合可以自己决定。

⏱ 保质期

用烘焙纸包好放在密封盒里，室温保存1～2天，冰箱保存1～2周。

小教室

【生燕麦片】

把燕麦粒反复蒸，碾平压扁，再烘干，让燕麦变成片状，营养价值比即食燕麦片高。

花生脆糖
历久不衰的经典糖果

花生糖的种类五花八门，有软有硬，花生脆糖始终是我的最爱，只要掌握好煮糖温度，制作松脆不粘牙的花生糖没难度。切块后即食，新鲜香脆。秋季花生当季，凉爽的天气也适合花生糖的制作与保存。

[材料]

[份量约30块（2厘米×7厘米）]

新鲜花生 ……………… 350克
（市售盐烤或处理过的花生不适合）

白芝麻 ………………… 15克

原蔗糖或赤砂糖 …… 150克

古法麦芽糖 …………… 160克

海盐 …………………… 1/4小匙

清水 …………………… 200克

1 花生去壳平铺在烤盘上，白芝麻放入小碗里，一起放入烤箱，100℃烤热，取出放凉，去衣，掰成两半，放回烤箱中以100℃保温。

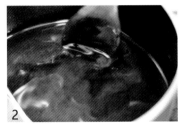

2 锅里加入原蔗糖、海盐、麦芽糖和清水，小火加热。用木勺搅拌，把糖煮溶。糖浆煮滚后不须搅拌，小火熬煮约10分钟。

3 糖浆转为金黄色，糖浆的泡沫越来越细。

4 糖温到达160℃，倒入温热的花生及白芝麻，快速拌匀。

5 立即倒在烤盘布上，注意糖果很烫，不要用手触碰，盖上另一块烤盘布，用擀面杖推压擀平。

6 趁糖果尚有余温，用刀切成喜欢的大小，冷却后很容易切碎，难以切成想要的形状。

✔小叮咛

- 高温熬糖浆一定要用温度计，否则难以估计糖浆的温度而导致失败。测量时，温度计前端不可碰触锅底，否则测温不准确。
- 冬天制作时，糖浆凝结速度极快，加入花生时别搅拌太久，以免加速花生糖凝固。
- 新鲜花生含有高度不饱和脂肪酸，容易氧化变质，进食有油哈味。发霉变黑或过期的花生对身体有害，应挑拣弃去。

⏱ 保质期

以小塑胶袋独立包装，放入密封容器中，再移至冰箱保存，保质期约1个月。

花生饼干
浓香酥脆吃不停

花生酱本身所含的油分，足够制作饼干，不必使用奶油、植物油和面粉。纯花生酱烤出来的饼干，花生香味浓得化不开，松脆又有嚼劲，多吃几块真的会上瘾啊！

不含奶油无麸质

[材料]

（份量约30块）

无糖花生酱··········200克

（见P.154）

鸡蛋···················1颗

原蔗糖或赤砂糖······35克

小苏打···············1/4小匙

岩盐···················适量

1 把鸡蛋轻轻打发成蛋液。大碗中放入冷藏过的花生酱，分两次加入蛋液，用橡皮刮刀拌匀。

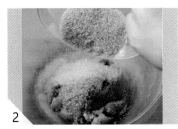

2 原蔗糖混合小苏打及岩盐，加入花生酱中，用指尖混合均匀，不用过度搓揉。面团没有面筋，有些松散是正常的。

3 用小量匙挖成小球形状，放在烤盘上，饼干不会膨胀太多，可以排列紧密一点。

4 烤箱预热至160℃，用叉子在饼干上压出坑纹，然后在90°的方向再压一次，面团也许会粘叉子，用另一只手轻轻按着面团才拿起叉子。

5 烤约11分钟，饼干膨胀呈金黄色，并散发出浓烈的花生香味，凸出部分的颜色首先变浅，然后底部开始变浅。连同烤盘拿出来放凉再放到架上，饼干完全冷却后会很松脆。

⏱ **保质期**

放入密封的瓶子，室温可存放3~4天。

✔**小叮咛**

- 冷藏过的花生酱搓揉时能锁紧油分，饼干更香脆。
- 适合对麸质敏感的朋友。

米仙贝

哆啦Ａ梦的桌上点心

没有传统的炭烧，用烤箱也能做得到。吃剩的米饭，混合水和糯米粉，用海米提香，烤好后撒上海苔丝，米香扑鼻，浓郁的酱油香在唇齿间蔓延，天然好吃。

1
冷饭放入冰箱冷藏过夜，水分变干更易做出脆脆的口感。海米用热水浸泡1小时，沥干，不加油炒干。

2
冷饭、糯米粉、油、海米、味淋及岩盐放入搅拌机中，打成细粉末，加入清水，再搅拌数十秒至均匀。

3
放入大碗中，加入剪碎的海苔丝，揉成面团。将面团放在工作台上，用刀切成25份，搓成每颗重约12克的圆球。

4
圆球放在烤盘布上，盖上另一块烤盘布，压扁，再用擀面杖擀成直径6厘米略厚的扁圆形。

5
烤箱预热至170℃，将薄圆饼铺在铺有烤盘布的烤盘上，送进烤箱4~5分钟，翻面再烤4~5分钟，表皮变干即可，关掉烤箱。

6
在仙贝表面刷上酱汁，放进已关闭开关的烤箱中烘烤3分钟，利用余温让酱汁稍烘干，即可享用。

⏱ 保质期
完全冷却才能密封放入冰箱保存2~3天，若受潮变软可用低温烘干水分，即回复松脆。

✔小叮咛
涂了酱汁的仙贝不能烤太焦，否则酱汁会有苦味。

澳门杏仁饼

椰香四溢的休闲茶点

椰子油的天然饱和脂肪酸物理特性，在温度24℃以下会自然凝固，可代替猪油或酥油（氢化植物油），绿豆粉和杏仁粉让饼干成形。烤好后椰香四溢，松酥又不油腻，咀嚼时有绿豆粉和杏仁颗粒的独特口感，当茶点太棒了。

[材料]

（份量8个，直径5厘米）

有机冷压椰子油⋯⋯⋯25克

（若室温高于25℃，椰子油恢复液态，要放进冰箱冷藏至呈乳白色固态才能使用）

椰子糖⋯⋯⋯⋯⋯⋯20克

自制绿豆粉⋯⋯⋯⋯50克

自制杏仁粉⋯⋯⋯⋯60克

清水⋯⋯⋯⋯⋯⋯1小匙

1 椰子糖加入清水，搅拌完全溶化，变成黏稠的糖浆。

2 加入椰子油，用橡皮刮刀混合均匀，直至完全看不到椰子油的固体颗粒。

3 混合绿豆粉和杏仁粉，用指尖混合成粗糙如面包屑的颗粒，大颗粒的椰子油，一定要捏碎。

4 烤箱预热至120℃，饼料分成8份，填入饼模中，堆成一座小山形状。

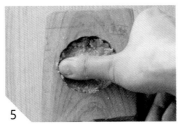

5 用右手拇指向饼模的边缘按压，左手食指把面屑推向饼模里，饼模边缘按至整齐没碎屑，中央不要按压太重，否则较难脱模。

6 将饼模朝桌上拍打几次，杏仁饼松脱掉在桌上，若敲出来的杏仁饼松散，说明压模时力度不够，下次压模时要再用力一点。

7 杏仁饼转移到铺有烤盘布的烤盘上，送进烤箱低温110℃烤40～60分钟。杏仁饼不粘烤盘布，说明饼干已经烘干，放在网架上，完全冷却后会松酥。

🧑‍🍳 小教室

【自制绿豆粉】

★ 材料：去壳绿豆 300 克 / 清水 500 毫升

❶ 去壳绿豆泡水一夜，泡过的水倒掉，将绿豆放入电饭锅中，加入清水，选择煮饭的挡位按钮。

❷ 干燥机烤盘放上烘焙纸，铺上煮熟的绿豆，用橡皮刮刀压成豆泥，煮熟的绿豆很容易压成泥，若很硬则未煮熟。

❸ 70℃干燥脱水4～8小时，绿豆泥压得越薄，风干速度越快。

❹ 绿豆泥收缩，豆泥与烘焙纸分离，变得干脆，用研磨机打磨成粉状。

❺ 过筛把未能打散的硬块或粗颗粒过滤，放入密封的容器保存。

【自制杏仁粉】

★ 材料：美国杏仁 35 克 / 南杏 25 克

整颗美国杏仁和南杏铺在烤盘上，放进烤箱100℃烤10分钟，放凉，用料理机打碎，若喜欢粗糙的口感，杏仁粉不用研磨太细。

⏱ 保质期

放入密封的容器，室温可保存2周。

薄盐烤鹰嘴豆
中东风味小吃

鹰嘴豆含有高蛋白质与纤维素，饱腹感强，热量少，是素食者和减重者的好朋友。吃起来口感像油炸豆，脆脆的满嘴香，搭配沙拉或浓汤也超棒！

1

鹰嘴豆煮熟滤干水分，用厨房纸巾吸干，豆子要干爽才烤得松脆和容易入味。若豆衣分离，可把豆衣取走，避免烤焦；若豆衣没有分离就不用处理。

2

铺平在放有烤盘布的烤盘上，放入烤箱100℃先烤10分钟，进一步把水分烘干。

[材料]（份量300克）

鹰嘴豆	300克
岩盐	1/4小匙
油	1/2小匙
红甜椒粉	1/2小匙
咖喱粉	1/2小匙
孜然粉	1/4小匙

⏱ 保质期

倒入密封的容器中可保存1~2周，冬天可放室温。酥脆口感可保持1~2天，若受潮变软，100℃回烤10分钟。

3

香料混合均匀。取出鹰嘴豆，撒上盐、香料，拌匀后加油，再次拌匀，每颗鹰嘴豆都要沾到调味料和油。

4

烤箱预热至160℃，送进烤箱150℃烤40~60分钟，鹰嘴豆烤好后体积会缩小一些，嚼起来脆脆的就烤好了，如感觉仍是淀粉般的松散，再多烤一段时间。关掉烤箱，烤箱门打开少许，鹰嘴豆留在烤箱内放凉会更脆。

✔小叮咛

- 鹰嘴豆也称作"雪莲子"或"鸡豆"。
- 黄豆、青豆也可以用相同的方法做成脆豆。
- 调味料可以自己搭配，可以完全不加盐。
- 煮过鹰嘴豆的水可以代替蛋白，不要倒掉。

低温烘焙香草坚果
天然甘脆好滋味

看球赛时，总少不了马铃薯片、玉米片、鱿鱼丝等含有反式脂肪酸的垃圾食物，要不要换换口味，尝尝健康的坚果？加适量的调味料，把原味的坚果低温烘焙，营养全部保留，逼出少许丰富的油脂，让香味慢慢释放，同时稍微烤掉一些水分，口感更松脆。

1

新鲜香草切碎。

2

开心果及夏威夷豆去壳，夏威夷豆冲水洗净，烤箱预热至80℃。

3

混合所有坚果、切碎香草、枫糖浆、岩盐、融化黄油，放在大碗中拌匀，静置10分钟，均匀铺在烤盘上。

4

送入烤箱70℃烤40分钟，其间翻面1~2次，直至传出香气，趁温热享用。

[材料]（份量250克）

原味新鲜坚果 ········ 250克

（任何组合的坚果皆可）

综合新鲜香草（迷迭香、薄荷、牛至、鼠尾草）····· 2大匙

枫糖浆 ············· 1小匙

融化无盐黄油 ········ 1大匙

岩盐 ·············· 1小匙

✔小叮咛

- 坚果选原味没经过处理的新鲜"原颗"，包装上如写着盐焗或盐烤则不适合。
- 久放受潮的坚果有一股油哈味，还会产生黄曲霉毒素，食用对身体有害。建议购买一次够吃的量，不要积存，吃完再买。
- 坚果不经真空冷藏容易氧化变质，每次不要做太多。
- 坚果脂肪含量高，是高热量食品，若不小心吃多了，要减少一天三餐的油量。

⏱ 保质期

冷却后可用烘焙纸包起来，放进冰箱2~3个月，食用时回烤。

Part 5

奶酪
Cheese

营养多钙

　　1千克的奶酪需要约16升的牛奶制成，是含钙最丰富的奶制品，并有丰富的乳酸菌，有益于胃肠道，奶酪的营养价值也较其他食物高，容易被人体吸收，能有效预防骨质疏松，保护眼睛和滋养肌肤，尤其适宜于孕妇、儿童和年长者。胆固醇含量较低，有利于心血管健康；脂肪和热量较多，特别适合冬季食用。

　　奶酪制品的零食点心容易制作，非常适合亲子活动，一点小巧思，就能与孩子一起轻松变化出多种美味零食。不喜欢奶酥味道浓重的朋友，奶酪零食的口味更容易被接受。

奶酪脆条
酥脆口感的野餐小零食

还记得吃麦当劳汉堡时，里面夹的黄色奶酪片吗？那就是切达奶酪！切达奶酪融化性很好，做成脆条，散发浓郁奶酪香，带去野餐好方便，超爱奶酪的人绝对不能错过！

[材料]（份量约10根）

后期（Sharp）切达奶酪
.....................................130克
无盐黄油 ·············· 55克
低筋面粉 ·············· 170克
海盐 ·············· 1/2小匙
新鲜罗勒、迷迭香 ··1/2小匙
鲜奶油 ·············· 4大匙
蛋液 ·············· 适量

1 罗勒叶、迷迭香切碎。低筋面粉过筛，加入奶酪、罗勒、迷迭香、海盐并混合均匀。将无盐黄油从冰箱取出，切丁，奶酪加入面粉中。

2 用指尖将黄油丁与面团混合压碎成粗糙面屑。加入鲜奶油，将面粉按压成光滑的面团，不要过度揉搓，否则产生筋性便不脆。

3 烤箱预热至170℃，在工作台上撒少许面粉，用擀面杖压成20厘米×30厘米×0.4厘米的薄面团，刷上薄薄一层蛋液，撒一些切达奶酪。

4 用刀将面团切成长条，双手各执一端，卷成螺旋形状，小心放在铺了烤盘布的烤盘上，用力按一下奶酪条的两端，奶酪条之间要留出面团膨胀的空隙。

5 送入烤箱160℃烤12～15分钟，奶酪脆条颜色变为金黄色，放在网架上冷却即可。

⏱ 保质期

用密封保鲜盒保存4～5天。脆条若回潮，100℃回烤5～10分钟，即恢复酥脆。

✓小叮咛

• 喜欢吃辣的朋友可加入辣椒粉，份量随意。
• 奶酪脆条容易折断，放入密封容器时可包上烘焙纸。
• 各种烤箱的环境不同，温度只做参考，请自行斟酌调整。

🎩 小教室

【切达奶酪】
切达奶酪熟成时间越长，味道越浓郁：初期（Mild）的熟成期为1～3个月，中期（Medium）的熟成期为3～6个月，后期（Sharp）的为6～9个月，超后期（ExtraSharp）则在9个月以上。

奶油奶酪蛋糕条

宴客的饭后小点心

奶酪蛋糕一向给人香浓绵密、浓郁扎实的感觉，容易有饱腹感。用奶酪模烤成长条形，几口就吃完了，不甜不腻，搭配甜甜酸酸的切片草莓、芒果、蓝莓，或淋上果酱，迎合不同宾客的口味。

[材料]

（宽8厘米、长15厘米直角奶酪模2个）

低脂奶油奶酪	250克
酸奶油	100克

无盐黄油	25克
原蔗糖或赤砂糖	65克
全蛋液	70克
蛋黄	20克（约1个）
玉米淀粉	5克

天然香草精	1/4小匙
（见P.154）	
消化饼	60克（见P.112）
油	2小匙

1

无盐黄油隔热水软化。

2

预备饼皮，消化饼放入夹链袋中，用擀面杖或重物敲碎，加入植物油，用指尖搓揉均匀，铺在烤模中，压平压实。

3

把奶油奶酪放进大碗中，加入香草精和原蔗糖，用橡皮刮刀搅拌至糖溶化。加入软化的黄油，拌匀。

4

加入酸奶油拌匀。混合全蛋液和蛋黄，分3次加入奶酪糊，每一次必须拌匀才加下一次，蛋糕糊才柔滑。

5

玉米淀粉过筛，加入奶酪糊中，拌匀。奶酪糊过筛，倒入铺有消化饼干皮的烤模中，烤模下面放一个盘子，倒入热水。

6

烤箱预热至160℃，烤模连同水浴盘放入烤箱，烤50分钟～1小时，烤40分钟后加入铝箔纸放在烤模上防止上色，1小时后关掉电源。不要立即打开烤箱门，让蛋糕在烤箱里焖约40分钟，蛋糕慢慢冷却。

7

用保鲜膜包好整个烤模，放冰箱冷藏一夜。第二天切条享用。

⏲ 保质期

可于冰箱冷藏1周。冷冻库可保存1个月，食用前放回冷藏室退冰半日。

✔小叮咛

模具没限制，圆形、方形都可以，活模底要铺2～3层铝箔纸再加入蛋糕糊。

👨‍🍳 小教室

【奶油奶酪】

奶油奶酪是未成熟的全脂奶酪，微酸，洁白，质地细腻，适合制作奶酪蛋糕或直接作为抹酱。

奶酪麻薯波波
欲罢不能的软糯嚼劲

"奶酪麻薯波波"发布后，随即跃升为博客上点击率最高的食谱之一，Facebook粉丝主页几乎被读者照片淹没。入口软弹滑嫩的嚼劲，吃起来像面包，做法比面包还简单。一口一个不觉得腻。蓝莓加热后果汁渗出，有点像酱爆丸子的感觉。

[材料]（份量约 18 颗）

糯米粉	110克
木薯粉	15克
新鲜奶酪屑	25克
岩盐	1/2小匙
无盐黄油	35克
鸡蛋	55克
牛奶	60毫升
新鲜蓝莓	60克
（选择性加入）	

1 无盐黄油放入碗里隔热水融化。

2 将糯米粉、木薯粉混合过筛，放入大碗里。加入奶酪及岩盐混合均匀。

3 鸡蛋打散，放入已融化的黄油，倒入粉类之中，加入牛奶，用橡皮刮刀搅拌均匀。

4 搓成湿润而光滑的面团，加入蓝莓。若面团太湿粘手，可撒上糯米粉当作手粉用。

5 烤箱预热至170℃。将面团搓揉成长条形，平均切成20份，每份约16克，搓成圆形，蓝莓尽量不要外露，否则加热时容易烤焦。

6 放在已铺好烘焙纸的烤盘上，每两个之间要留空隙，送入烤箱以160℃烤约20分钟。麻薯波波稍微膨胀，表面略烤至金黄色即可。从烤箱取出，放在凉架上待凉，刚烤好的蓝莓很烫，冷却后才可以享用。

⏱ 保质期

室温存放2～3天。第2天水分蒸发后开始变硬是正常现象，可喷水回烤。

✔小叮咛

奶酪一定要用新鲜的，不能用脱水奶酪粉。
如面团膨胀不起来，粉味重，可以尝试减少10毫升牛奶。

小鱼奶酪饼干
可爱造型广受大人小孩喜爱

熟成6~9个月的新鲜切达奶酪，本身有咸味，不用另加盐，以自制洋葱粉和蒜粉调味，没有人工香料或防腐剂。以米粉和马铃薯淀粉取代面粉，不含麸质，口感更酥脆，不像市售奶酪饼干那么咸，吃完后会忍不住吮指回味。

不含人工香料及麸质

[材料]
（份量约32颗）

后期（Sharp）切达奶酪
..........................100克
无盐黄油 ·············· 20克
黏米粉 ················· 30克
马铃薯淀粉 ·········· 30克
冰水 ···················· 1小匙

1 黄油及奶酪加入米粉中，用指尖混合，压碎成粗糙面屑。

2 加入冰水，按压成面团，如面团太干散开，可多加1/2大匙冰水。

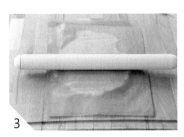

3 烤箱预热至170℃，面团放在烤盘布上，用擀面杖擀压成厚约0.4厘米的面团，面团两旁可放筷子，有助压出厚薄一致的薄片。

4 用塑胶小鱼模压出面团，饼干之间给面团留出膨胀空隙。鱼尾容易裂开，脱模时用筷子小心把面团推出，若鱼尾裂开也不要紧，和鱼身粘在一起就行了，烘烤时奶酪和黄油融化，饼干自然连在一起。

5 送入烤箱160℃烤12~14分钟，饼干变为金黄色，即可关掉烤箱，烤箱门打开少许，不用急于取出，饼干放在烤盘上自然冷却，口感更酥脆。

6 放凉后放在厨房纸巾上，吸除油分。

小教室

【制作小鱼饼模】

★ 材料：直径 24 厘米塑料罐 1 个

　　剪开塑料罐，剪裁一个高约 2 厘米的长带，再剪开一半，每端向内 1 厘米对折两次，在接口处用胶带粘好，即能弯曲成小金鱼的形状。

⏱ 保质期
放在密封罐内，可存放1周。

Part 6

巧克力
Chocolate

暖意融融的快乐魔力

在所有巧克力中，黑巧克力糖含量和脂肪含量最低，分解成葡萄糖后进入血液，在身体里慢慢释放能量，使血糖经历2~3小时才降到空腹的水平，适量摄取巧克力可产生饱腹感，不仅不会长胖，而且好处很多。黑巧克力含抗氧化成分，帮助降血压和维持心血管健康，能延缓衰老，调节免疫功能，又能使人心情愉快。

正餐相隔在5~6小时，第一餐后约3小时后吃2块（2厘米×4厘米）黑巧克力，能快速缓解饥饿感，还可以满足对甜食的渴望。冬天是最适合品尝巧克力的季节。不过即使是黑巧克力也含有可可脂，若有三高、冠心病、糖尿病等疾病，就要注意进食的份量，只能吃一小块当点心。

手工巧克力砖

天然纯可可脂

手作巧克力满载温暖心思，常见的做法是把市售的巧克力制成品或半成品熔化再成形。使用巧克力原材料，即天然可可脂和无糖可可粉，就更天然了。制作可可比例高、低热量、不含反式脂肪的巧克力，品质媲美高级巧克力，给你意想不到的好滋味。

【材料】

（份量2.5厘米×3.5厘米薄巧克力砖6块）

【可可巧克力】

有机可可脂	30克
枫糖浆	1大匙
天然香草精	1小匙
（见P.154）	
无糖可可粉	10~15克

岩盐	少许

【白巧克力】

有机可可脂	30克
枫糖浆	1小匙
天然香草精	1/2小匙
无糖花生酱或其他坚果酱	
	1小匙（见P.154）
岩盐	少许

【抹茶巧克力】

有机可可脂	30克
枫糖浆	1小匙
自制香草香精	1/2小匙
无糖花生酱或其他坚果酱	
	1小匙
岩盐	少许
抹茶粉	1小匙

1 锅内加入水，煮至60℃，转至小火，锅上放一不锈钢盘。

2 可可脂放入不锈钢盘中隔水加热。注意锅里的水一定不能沸腾，温度过高或过低，巧克力溶液都可能凝固。适当搅拌，可可脂完全融化，熄火。

3 加入枫糖浆，慢慢搅拌，使其充分溶解在可可脂中。加入自制香草香精，画圈搅拌，直至完全溶入。

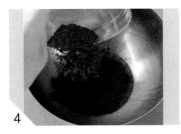

4 制作黑巧克力：加入可可粉及岩盐，画圈搅拌，让可可粉均匀分布，搅拌时间越长，口感越细腻。

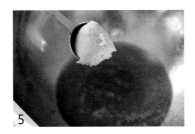

5 制作白巧克力：加入花生酱。制作抹茶巧克力则加入抹茶粉及花生酱搅拌均匀。

6 搅拌好的巧克力溶液倒入模具里，冰箱冷藏1～2小时脱膜，即可食用。

7 室温低于20℃，放置室内约2小时也可完全凝固。

小教室

【有机可可脂】

萃取自可可豆的天然食用油，其结晶特性必须经过"调温"的过程，融化后，将温度升高再降低，可以稳定可可脂的结晶，呈现光亮、硬脆、入口即溶的独特口感。可可脂的品质直接影响巧克力的味道，外国进口的有机可可脂，品质比较有保证。

⊙ 保质期

最佳保存温度12～18℃，储存温度要稳定，避免阳光直射。放入冰箱保存，用密封的容器避免吸收异味。储存不当会发生软化变形、表面起白霜、内部返砂或香气减少，不过不会影响味道。

✔小叮咛

- 溶解可可脂宜用电炉，温度较稳定。
- 加入材料的次序非常重要，不要心急把所有材料一次倒进去，否则口感会大打折扣。
- 可可粉越多，巧克力味道越苦，建议可可粉和可可脂的比例不要超过 2：1，可可粉过多，巧克力溶液可能变浓稠，甚至无法流动。
- 在此基础上加入奶油、坚果、果干、麦片等材料。

玫瑰松露巧克力

增添浪漫气氛

玫瑰馥郁芬芳，与香浓巧克力和谐融合，浅尝轻嚼之间慢慢融化，齿颊留香。用漂亮的盒子来盛装，加上小巧的缎带装饰就是一份用心的礼物。

[材料]（份量16颗）

【巧克力球】

70%黑巧克力砖	200克
鲜奶油	100毫升
无盐黄油	3克
干玫瑰花	10克

【装饰】

60%黑巧克力砖	100克
糖粉	10克
开心果	5克
杏仁碎	5克

1

巧克力切碎，与黄油放入大碗里。撕开玫瑰花瓣并切碎，与糖粉混合制成玫瑰糖粉。

2

剩下的玫瑰花瓣放入小锅里，加入鲜奶油，煮至起泡沸腾，离火，静置5分钟，再将鲜奶油加热至冒烟。

3

鲜奶油经网筛过滤，然后与巧克力混合，用汤匙将鲜奶油压榨出来。

4

静置30秒，待巧克力稍微变软，用打蛋器混拌，慢慢均匀融合巧克力和鲜奶油，切勿过度搅拌以致油水分离。

5

混合完全的巧克力呈浓稠状，泛起光泽，拿起时不滴下。

6

室温15～20℃放置约1小时，若室温太高可放入冰箱。巧克力表面凝固后，用挖水果的圆形汤匙挖出巧克力圆球，放在烘焙纸上。

7

装饰用的巧克力隔水加热融化，温度保持在43℃。将巧克力球放入融化的巧克力中，沿碗边舀起，滴去多余的巧克力。

8

放入玫瑰糖粉或坚果碎中，以叉子滚动巧克力球蘸满糖粉，放在烘焙纸上凝固。

⏱ **保质期**

放入密封的保鲜盒，冰箱保存4～5天。若室温低于15℃，可室温保存。

✔**小叮咛**

• 法国干玫瑰的颜色较淡，味道清雅，如能配上新鲜有机玫瑰就更好了。

• 干玫瑰花可用喜欢的红茶代替，在加热鲜奶油时，把茶包或茶叶放入一起煮滚。

软心生巧克力

香滑浓醇入口即化

生巧克力一词源自日本，使用巧克力、鲜奶油及奶油等乳制品制成，入口即化，十分滑顺，浅甜而不腻。以椰浆取代鲜奶油，夏威夷豆坚果酱取代奶油，一样可以做出类似的口感，椰子味道会被可可粉盖过，所以制成品没有椰子味。学会制作，再也不用找代购。

[材料]（每种口味 15 颗）

【原味巧克力】	【抹茶口味】	【草莓口味】
有机可可脂 ………… 75克	有机可可脂 ………… 75克	有机可可脂 ………… 75克
椰浆 ………………… 80克	椰浆 ………………… 80克	椰浆 ………………… 80克
蜂蜜 ………………… 35克	蜂蜜 ………………… 40克	蜂蜜 ………………… 30克
自制夏威夷豆坚果酱 20克	自制夏威夷豆坚果酱 20克	自制夏威夷豆坚果酱 20克
无糖可可粉 ………… 25克	抹茶粉 ……………… 5克	冻干草莓粉或覆盆子粉1克
岩盐 ………………… 少许	岩盐 ………………… 少许	岩盐 ………………… 少许

1
用礼盒当作模具，将烘焙纸剪裁至适合模具的大小。

2
在不锈钢盘子里放入所有食材，下面放一锅刚煮沸的水，火力转至最小，隔水加热至融化，需时8~10分钟。

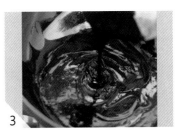

3
全程以橡皮刮刀轻轻搅拌，加快融化速度，使材料混合均匀。融化的巧克力糊表面有光泽，可可脂完全融化，舀起会轻轻滑落。

4
巧克力糊倒入模具里，放进冰箱冷藏一夜。

5
巧克力连同烘焙纸一起从模具取出，热水烫刀子，再用厨房纸巾擦干，将巧克力切成扁方形。

6
撒上可可粉、抹茶粉或草莓粉装饰，即可享用。

⏱ 保质期

生巧克力极易融化，须存放在3~5℃的环境中，放入包装盒中，移至冰箱冷藏，1周内吃完。若要延长保质期，整块不加可可粉用保鲜膜包好，冷藏可保存1个月。若要送人或携带外出，请以保冷袋装好。

巧克力布朗尼
一盘到底零失败

一个盘子和一根搅拌棒就能完成的简单甜点，不用打发蛋白霜，把所有材料搅拌均匀就可以烘烤。配方减少了一半黄油的份量，放入冰箱里使风味更浓郁，第2、第3天风味更佳！

少油

[材料]

（8寸/20厘米方形烤模1个）

60%黑巧克力砖···· 200克	原蔗糖或赤砂糖······100克
无盐黄油 ············· 70克	无糖可可粉 ··········· 3小匙
鸡蛋 ···············170克	低筋面粉 ············· 70克
	榛果酒·············· 1小匙

1

将烘焙纸剪裁至符合模具的大小，铺好。

2

黄油切丁，与砂糖一起放入大盘中，用电动手提打蛋器搅拌至绵密发白。砂糖的颗粒较大，溶化速度较慢，打发时间要长一些。

3

切碎巧克力砖，隔水加热融化，加入榛果酒，拌匀，放回隔水加热的盘里，保温备用。

4

打散鸡蛋，分3~4次倒入黄油糊中，用打蛋器以最低速度打发均匀。

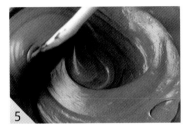

5

将融化的巧克力液倒入绵密蛋奶油糊中，用橡皮刮刀拌匀成细滑的巧克力糊。

6

低筋面粉、可可粉过筛，加入巧克力糊中。

7

以橡皮刮刀轻轻拌匀，立即倒入烤模中。预热烤箱至180℃。

8

送进烤箱，170℃烤20分钟，最后5分钟插入牙签拔出后尖端有些许的粘黏，立即出炉能获得湿润的效果。若牙签完全没粘黏，蛋糕会比较干和扎实。

⏱ **保质期**

密封盒放入冰箱保存4~5天。

✔ **小叮咛**

• 融化巧克力注意温度不要过高，以免油水分离，布朗尼的口感就会变油腻。

• 烘烤时间请根据你的烤箱和烤模大小调整，蛋糕越厚，烘烤的时间越长。

• 不要过度搅拌让面糊混入太多空气，奶油糊混合巧克力时不用电动打蛋器，用橡皮刮刀就够了。

巧克力焦糖杏仁

香脆糖衣层次丰富

品尝香酥杏仁、薄脆焦糖及香浓巧克力的滋味，层次丰富，保证让你一口接一口停不下来！颗颗饱满的杏仁经低温烘焙，原蔗糖代替白砂糖熬煮成的焦糖，甘蔗味更浓郁，还可以做抹茶和草莓口味焦糖杏仁。

[材料]（约250克）

【内馅】

美国杏仁 ……………100克

榛果 ………………100克

原蔗糖或赤砂糖……120克

清水 ………………45克

岩盐 ………………适量

【装饰】

70%黑巧克力砖……150克

白巧克力砖 ………150克

无糖可可粉 ……40~60克

抹茶粉…………40~60克

1 美国杏仁以130℃烤15分钟，榛果体积较小，烤10分钟即可。中途拨翻一下，让整颗受热均匀。

2 锅里放入糖、盐、清水，中火加热，不要搅拌，摇晃一下锅，糖慢慢溶化成糖水。

3 糖水升温至109℃，加入杏仁和榛果，温度会稍降，熬煮一会儿，待糖温回升至109℃，立即离火。

4 用木勺持续搅拌，降温冷却，粘在杏仁表面的糖浆开始反砂结晶成为糖霜。

5 小火加热，糖霜慢慢溶化变成焦糖，持续搅拌，让每颗杏仁均匀焦糖化，离火。

6 杏仁倒在耐热矽胶布上，尽快用叉子逐颗分开，若焦糖冷却后变硬，需用手掰开。

7 切碎黑巧克力，小火隔水加热融化。每次将10~15颗焦糖杏仁放入巧克力液里，包裹整颗杏仁。

8 捞起放入可可粉里，轻轻摇晃盘子，滚动坚果均匀蘸满可可粉，用汤匙舀起放入网筛里，冷却定型，筛掉多余的可可粉，即可享用或包装。

9 抹茶口味：隔水加热融化白巧克力，坚果包裹白巧克力，蘸上抹茶粉，抹茶较容易受潮，冷却定型，再上一次抹茶粉。

⏱ **保质期**

放入密封的容器，可保存约2周。

✔ **小叮咛**

- 焦糖温度一定要用温度计精准度量，若糖温不够高便会粘牙。
- 若焦糖熬煮过久会产生苦味。

巧克力夹心饼干

大人小孩都喜欢

充满可可香、酥脆美味的巧克力夹心饼干，经典吃法是先转一转，再舔一舔，配牛奶或酸奶。想吃不用出门买，在家就可以轻松做，馅料爱放多少就放多少！以冷压椰子油取代白油或氢化油做成夹心馅料，吃得更安心！

不含奶制品

[材料]

（约12块，直径7.5厘米）

【饼干】

有机冷压椰子油	55克
无糖可可粉	20克
黑芝麻粉	15克
非洲黑糖	30克
低筋面粉	100克
全麦面粉	25克
小苏打	1/2小匙
岩盐	1/8小匙
鸡蛋	25克
天然香草精	1/2小匙

（见P.154）

【馅料】

原味生腰果	120克
有机冷压椰子油	2大匙
枫糖浆	2大匙
天然香草精	1/2小匙
清水	1大匙

[工具]

饼干印章

1

有机冷压椰子油、非洲黑糖、无糖可可粉、黑芝麻粉放入调理机中，搅打成巧克力糊，加入蛋液及天然香草精，搅打均匀。

2

巧克力糊转移到大碗里，混合低筋面粉、全麦面粉及小苏打，分2~3次筛入巧克力糊中，加入岩盐，用橡皮刮刀搅拌均匀，不要搓揉，否则饼干产生筋性，不酥脆。

3

把面团塑成圆柱形状，用刀切成12份圆形饼干，每份约0.5厘米厚。

4

用饼干印章压出花纹。

5

预热烤箱至170℃。送进烤箱160℃烤约15分钟。饼干留在烤盘上，静置5分钟，然后将饼干放在网架上待凉，放凉后饼干变得硬脆。

6

腰果用清水浸泡8小时，倒去浸泡过的水。

7

将有机冷压椰子油、腰果、枫糖浆、天然香草精放入调理机中，打发至淡黄色的奶油霜状。

8

放入冰箱冷藏1小时使其稍变硬，装进挤花袋。待饼干完全凉后，挤上奶油霜，然后盖上另一块饼干便完成。

> **保质期**
>
> 放入密封的容器中，保存约1周。

Part 7

糖果
Candy

放松心情的甜蜜邂逅

甜味在舌尖味蕾的最前端，孩童对味道最早有感觉的就是甜味。在我们的记忆中，乖孩子获得糖果做奖励、情人节以巧克力传情、婚礼新人送喜糖。糖总是和甜蜜、喜悦、放松、幸福等美好事物画上等号。因为吃糖会刺激身体分泌内啡肽、血清素，这些神经传导物质，使人感觉舒适、镇定。

糖果防腐能力强，保质期比较长。一次做多些，可以送给亲朋好友分享甜蜜。设计好自己每天吃糖的量，既满足身体对甜食的渴求，又可重温甜蜜的回忆。糖本无罪，只要培养良好的饮食习惯，还是可以追求甜蜜又拥抱健康。

冰晶棒棒糖
一闪一闪亮晶晶

冰晶棒棒糖的材料极其简单，用砂糖和水经过熬煮，在小木棍周围重新自然结晶，大小、形状没有一颗是相同的，晶莹剔透没有杂质，像水晶一样的透明糖晶体非常漂亮。这种糖微甜，经常用于西式婚礼和派对，来宾将棒棒糖放入香槟中搅拌一下，是不是很有意境？也可用于咖啡、花茶等饮料调味。

不是每一种天然色素都能制作出糖晶体的透明感，尝试了近20种蔬菜水果，做出6种天然颜色，制作过程好像科学实验，一起来玩吧！

[材料]

（浓缩后的糖浆容量约360毫升，每杯可制作1~2根直径约2厘米的棒棒糖）

【白】白砂糖300克+清水600克（不吃白砂糖，可改用原蔗糖代替）

【红】红肉火龙果汁600克（红肉火龙果汁2大匙+清水570克）+白砂糖300克
火龙果放在网筛上，用大汤匙压出果汁，与清水混合

【橙】红色甜椒汁600克（红色甜椒30克+清水600克）+白砂糖300克

【黄】黄色甜椒汁600克（黄色甜椒40克+清水600克）+白砂糖300克

【绿】绿色甜椒汁600克（绿色甜椒40克+清水600克）+白砂糖300克

甜椒切丁，和清水一起放入搅拌机中，打成甜椒糊，用网筛过滤成清澈的甜椒汁。甜椒的辛辣呛味会被甜度完全覆盖，糖浆煮好后吃不出甜椒的味道。

【蓝】蝶豆花茶600克（蝶豆花干15颗+清水600克）+白砂糖300克
100℃热水冲入蝶豆花干中，浸泡5~10分钟

【紫】葡萄皮15颗+清水600克+白砂糖300克
葡萄皮放入600克水中，加热，用葡萄皮的色素熬煮出紫色液体

[工具]

木棒：长5厘米，直径约3毫米。制作棒棒糖的木棍不光滑时，糖才能黏附在上面结晶，竹棒不适合。

木夹：长度要比杯子口直径大。

玻璃杯：杯面直径6厘米，杯高5厘米，杯子要选瘦长窄口，没有弧度的。

[预备]

预先计算好杯子容量才开始制作。煮糖浆时水分会被蒸发约一半，糖的重量是杯子容量的一半{水容量（毫升）/2}。糖浆要满杯，木棒尽量浸入糖浆里，并与杯底保持足够的距离，结晶才不容易和底部黏合难以拔出。

1 用木夹夹着木棒，垂直插入杯子正中央，架好，调整高度。木棒探入杯子的深度，便是木棒要沾上糖的长度。木棒不可接触杯子底部，与杯底之间距离1~2厘米。

2 预备天然色素的液体，加入砂糖，搅拌一下让砂糖溶解，放入温度计。大火煮至沸腾，确定砂糖完全溶化成为混浊的液体，之后不能再搅拌，转至中火，煮至103℃，把木棒放入糖水里，滴下多余的糖水，均匀撒上砂糖，放入冷冻室，木棒上的砂糖完全干硬才能使用。

3 糖水继续熬煮至110℃，泡沫由大变小，糖水水分蒸发，浓度增加。糖浆从100℃到105℃的升温时间较长，到达106℃温度后，温度会急速上升。糖浆煮到110℃，离火，小心移动平放在桌上，待滚动的糖浆泡沫消失，立即倒进玻璃杯内，不要搅动，否则糖浆会返砂。

4

糖浆降温到65~70℃，垂直插入上糖木棒于杯子正中央，用木夹固定，记得不要在糖浆里调整高度或搅拌，确认木棒上的糖粒没掉下就可以。

5

糖结晶出现在糖水浓度最高及温度最低的地方。上糖木棒经过冷藏，温度低于周围的糖液，糖的浓度高于周围，糖结晶很快在木棒周围形成。杯子要放在木板或厚纸上面，选择温暖而且恒温的位置摆放。

6

糖浆表面若形成结晶层，可让糖浆处于密封的状态，更有利于结晶，不用戳破。

7

结晶2~3天便会长大，到你喜欢的大小就可以取出。若表面有结晶层，用竹签把结晶层戳破，轻轻把木棒提起来，连同木夹架在一个干净的杯子里。

8

糖浆自然滴落12~24小时，棒棒糖完全晾干就是完成了。尾端若集结了不规则形状，棒棒糖未干透时结晶还脆弱，可用手剥开。

✔小叮咛

- 室温 25 ~ 30℃ 最适合制作。冬天室温低，杯子周围温度比木棒低，杯壁结晶而木棒不结晶，容易失败。
- 木棒上的糖粒掉下来有几种可能原因：糖浆太热溶掉木棒上的糖；木棒上的糖未完全干透；糖浆的浓度不够饱和。
- 剩下的糖浆最多可重新使用一次，糖浆越易流动越容易引起返砂，结晶不够晶莹。
- 用重量量度水比较准确，所以食谱的液体量以克为单位。
- 天然食材本身的酸碱度会影响糖的结晶，酸味阻碍结晶，酸味的水果或蔬菜不适合。

⊙ 保质期

用塑胶袋包好，棒棒糖可于室温存放半年。天然色素随着放置时间而褪色属于正常。

传统牛轧糖
不粘牙淡淡蜂蜜香

利用鸡蛋蛋白和蜂蜜的凝固能力制作出的天然糖果，咀嚼时会散发出蜂蜜香气，咬的时候较硬，入口变软而耐嚼。简单的食材只有蜂蜜、坚果和蛋白，经历了十几次失败，终于成功找到满意的配方，微酸的糖腌小红莓，松脆的杏仁、榛果和开心果，纯白、芳醇、朴实无华。

[材料]

（48颗，每颗1.5厘米×5厘米）

【糖果基底】

蛋白 ················· 30克
蜂蜜 ················· 70克
玉米淀粉 ············· 适量

【糖浆】

敲碎的原蔗冰糖 ····· 200克

古法麦芽糖 ············ 36克
热水 ················ 100克

【选择性食材】

开心果 ················· 50克
原味榛果 ·············· 50克
杏仁 ················· 150克
蔓越莓干 ·············· 25克

（见P.10）

[预备]

坚果铺平放在烤盘上，放入100℃烤箱烤10分钟，保温备用。预备两个熬糖浆用的厚锅，在烤盘上铺上烘焙纸，撒满玉米淀粉。

1 在第一个锅里加入原蔗冰糖、麦芽糖及热水，搅拌至溶解，小火加热，若过程中有糖粒粘在锅壁上，用毛刷蘸热水刷掉。

2 当第一个锅里的糖浆温度达到120℃。在第二个锅里开始加热蜂蜜。

3 启动电动打蛋器将蛋白高速打至起泡，出现尖角。蜂蜜加热至128℃，从边缘缓缓倒入高速打发的蛋白霜中，别让打蛋器碰到倒入的蜂蜜，高速搅拌2分钟后，停机。

4 第一锅糖浆加热至165℃，再次启动电动打蛋器至最高速，一边打发一边慢慢倒入糖浆，蛋白霜迅速膨胀成黏稠状，手握打蛋器时渐渐感到阻力，蛋白霜打发痕迹清晰可见，继续高速打发2～3分钟，停止打发，蛋白霜缓缓流下。

5 赶快加入温热的坚果，用橡皮刮刀快速拌匀。

6 把温热的糖糊迅速放在已撒上玉米淀粉的烘焙纸上，放上蔓越莓干。

7 表面撒少许玉米淀粉，用手将糖糊揉搓成球状。

8 糖球上盖一块烘焙纸，用擀面杖擀平，上压重物，室温静置1~2小时。

9 糖果变硬后切成喜欢的形状和大小，蘸上玉米淀粉，用烘焙纸或蜡纸包装。

⏱ **保质期**

室温低于20℃可不用放进冰箱保存，保质期4~5天。

✔ **小叮咛**

- 坚果和干果的种类可自选，只要是脱水的干食材都可以，新鲜水果不适合。
- 此份量可用一般手提电动打蛋器制作，若增加份量，手提打蛋器可能难以负荷，需使用马力强大的台式厨师机来制作。

👨‍🍳 **小教室**

【原蔗冰糖】

原蔗冰糖是以甘蔗为原料直接提炼结晶而成，不经过漂白过程，不含人工色素及人工香料，深褐色又带点淡红，也被称为红冰糖。

洋甘菊棒棒糖
赏心悦目的花朵甜点

以花为食材的甜点越来越多。吃花，原来也可以如此浪漫，本来简单透明的棒棒糖，镶嵌入漂亮的食用花朵，更有梦幻情调了。洋甘菊有类似青苹果的甜酸味香气，清新柔和，看着花朵们美丽的姿态，心情也甜了起来。

[材料]（10根）

原蔗糖或白砂糖	100克
麦芽糖或日本水饴	40克
清水	40毫升
海盐	适量
鲜采食用洋甘菊	30朵
糖粉	200克

1
在大盘里加入糖粉，用直径约3厘米小瓶子的底部压出圆形凹槽，制成糖模，备用。

2
小锅里加入白砂糖、麦芽糖及清水，摇晃小锅先溶解糖，大火煮滚至150℃离火，不要搅拌，毛刷蘸水把锅边的糖刷下来。

3
快速并小心倒入凹槽中，切记不能用手触碰滚烫的糖浆，凹槽注入一半糖浆。

4
迅速放入洋甘菊，正面朝下，贴在糖浆上面，放入棒棍，倒入另一半的糖浆。糖果冷却变硬，用水洗去表面的糖粉，晾干，即可享用。

✔ 小叮咛

- 市售装饰用的花朵使用了农药，不适合食用。
- 食用的有机玫瑰、三色堇、薰衣草、茉莉、桂花、荷叶莲都适合制作。最好向有信誉的有机农场购买，若不确定农户是否使用农药，买回来的盆栽最少种植2个月才可以食用。
- 食用干燥花、水果干或坚果也可做为装饰材料。一定不能有水分，否则高温糖浆遇水降温或产生水泡，糖果便会粘牙。
- 糖果完成后，把掉落的糖粒过筛除去，糖粉可以回收再用。

⏱ 保质期

若未立即食用，不需冲洗，只用毛刷轻轻刷去糖粉，放入自封袋中包好，保质期约2周。

猫掌棉花糖

舍不得吃的
粉嫩小肉球

粉嫩的猫掌棉花糖惹人怜爱，在日本风靡一时，纯手工制作，所以卖得很贵！用冻干草莓粉制作粉红色的小肉掌，轻软滑嫩、有弹性、入口即化。泡在热咖啡或牛奶中，看着它慢慢溶化，在寒冬的日子感觉特别暖心。

[材料]（每种 12 颗）

【白色猫掌】		【巧克力猫掌】		【粉红色肉球】	
蛋白	15克	蛋白	5克	蛋白	15克
白砂糖	35克	非洲黑糖	30克	白砂糖	30克
清水	20毫升	清水	20毫升	清水	20毫升
日本米饴或麦芽糖	1小匙	日本米饴或麦芽糖	1小匙	日本米饴或麦芽糖	1小匙
吉利丁片	5克	吉利丁片	5克	吉利丁片	5克
天然香草精	1/4小匙	可可粉	1小匙	草莓泥	3小匙
（见P.154）				（或冻干草莓粉 1小匙）	

1 小锅里加入20毫升清水、糖、米饴及香草精，加热至120℃，制成糖浆。

2 在马卡龙矽胶垫上，撒上玉米淀粉，全部覆盖直至看不到矽胶垫。

3 蛋白用电动打蛋器打至起泡，蛋白霜勾起呈尖角，备用。

4 启动打蛋器，一边打发蛋白，一边慢慢倒入糖浆，持续打发至蛋白霜呈现光泽。

5 将已溶解的吉利丁水加入蛋白霜中，继续打发至均匀软滑的蛋白霜，勾起时缓缓落下便可停止打发。

6 挤花袋放入圆形挤花嘴，蛋白霜放入挤花袋里，将蛋白霜垂直挤在矽胶上。

7 按照原味棉花糖步骤1~步骤4的做法，制作粉红色小肉球，挤在白色的猫掌上。

8 风干约1小时，干燥低温的天气会快一点。在棉花糖表面撒上玉米淀粉，用刀从底部插入端起，放在网筛上，晃动一下筛出多余的玉米淀粉。

9 巧克力猫掌：按照原味棉花糖步骤1~步骤5的做法，蛋白霜加入吉利丁水，放入可可粉，打发均匀，继续步骤6~步骤8。

✔小叮咛

- 适合在干燥的天气制作。
- 糖浆直接影响棉花糖的凝固和硬度，温度一定要准确，请使用温度计测量。
- 吉利丁片可用同等重量的吉利丁粉代替。
- 马卡龙专用的矽胶垫有助挤花嘴做出浑圆的掌形。
- 日本米饴或麦芽糖的作用是稳固蛋白霜的内部组织，防止糖浆返砂，必须使用。

⏱ 保质期

用小袋子封好，存放在密封容器中，室温保质期可达3~4天。

法式水果软糖

纯素

法式软糖是以果泥、砂糖与果胶一起熬制而成的糖果。小小一颗软糖浓缩了整个果实的香气。青苹果果胶冷却后自然凝固，取代果胶粉作为基底，搭配富含天然果胶的果泥，和利用动物性明胶做的软糖是完全不同的。满满的天然果香、软弹不黏牙，几乎不需费太多力气咀嚼，含在口中慢慢融化，浓郁香甜的果香在味蕾上化开。

不使用果胶粉

[材料]

【青苹果基底】

青苹果·········470克（约3颗）

清水···············900毫升

敲碎原蔗冰糖········90克

琼脂粉···············1小匙

柠檬汁·····30毫升（2大匙）

【覆盆子口味】

覆盆子···············150克

青苹果基底

【西番莲口味】

西番莲·················2颗

青苹果基底

【蓝莓口味】

蓝莓················125克

青苹果基底

1

青苹果洗干净，用软刷刷除青苹果表皮的蜡，去芯去蒂，不用去皮，每颗切成4份。

2

青苹果和清水放入锅中，煮至沸腾后，中小火熬煮45分钟～1小时，不用加盖，待果肉完全软烂成果泥状，离火，稍放凉。

3

果泥倒入棉布袋中，将棉布袋拧紧，挤出富含果胶的青苹果汁约300毫升，若果汁超过300毫升，最好把果泥和果汁再熬煮一会，水分再蒸发一下。

4

青苹果汁加入覆盆子，用手提搅拌机打成果汁，用网筛过滤，倒入锅中，加入琼脂粉、原蔗冰糖、柠檬汁，搅拌均匀。

5

大火煮至沸腾，沸腾后转至小火，舀起浮沫，小火熬煮15～20分钟，直至浓稠，不时搅拌一下，把水分再蒸发一半至约200毫升，果汁的颜色会越来越深，搅拌起来有黏稠的感觉，离火。

6

把浓稠的果汁倒入玻璃盒内凝固，稍微冷却后放进冰箱，可加快凝固速度。

7

软糖凝固后，手指轻按轻微回弹。用刀子将软糖从玻璃盒边推开，放入少量空气，玻璃盒翻面，凝固的软糖便会整块掉下来，切成方块，即可享用。

✔ 小叮咛

琼脂粉在水中加热至90℃才会溶化，软糖凝固后，放在室温也不会溶化，软糖脱模切块后，不会粘在一起，所以不用再裹上白砂糖。

小教室

【琼脂粉】

由一种生长在高纬度海域的红藻细胞壁萃取提炼，成分以纤维素、钙、铁为主。吸水性强，有凝固的效果，能提供饱腹感，被视为天然的膳食纤维。琼脂在日本称为寒天（Kanten-jelly），色泽半透明，透光性比洋菜佳，日本昂贵的羊羹就是用琼脂粉制作的。

⏱ 保质期

冰箱保存1～2周。

虫虫橡皮糖

不给糖就捣蛋

如果家里没有制糖果的模具，就拿吸管做容器，做成虫虫形状的橡皮糖，非常有万圣夜气氛！西番莲、覆盆子等汁液的颜色鲜艳，吃起来又香又有弹性，若找不到配方中的食材，可参考彩虹明胶糖，只要把果汁和吉利丁粉的比例换成虫虫橡皮糖即可。

[材料]

【橙色】

鲜榨西柚汁或橙汁 60毫升

蜂蜜 ·················· 2大匙

吉利丁粉 ·················· 18克

【黄色】

鲜榨西番莲果汁···· 30毫升

清水 ·················· 30毫升

蜂蜜 ·················· 2大匙

吉利丁粉 ·················· 18克

【红色】

覆盆子汁 ·················· 30毫升

（冷冻覆盆子都可以）

清水 ·················· 30毫升

蜂蜜 ·················· 2大匙

吉利丁粉 ·················· 18克

1

所有果汁用滤网过滤掉果肉。

2

用2大匙果汁溶解吉利丁粉，将吸饱水分膨胀的吉利丁粉倒入果汁中，加入蜂蜜。

3

果汁隔热水加热，加以搅拌，将吉利丁粉和蜂蜜彻底溶解。

4

吸管剪成约8厘米长，和杯子的高度一样更好操作。

5

在杯子中舀入1~2大匙的果汁，用橡皮筋将吸管绑紧，插入杯中，待杯底的果汁凝固后，形成固体能封住底部，防止后来倒入的果汁流出。吸管倒入剩下的果汁，若要做多种颜色的效果，倒入1/4后稍待凝固，然后再倒入另一种颜色的果汁，如此类推。吸管上压重物。

6

置于室温下，果汁凝固后逐一放入40~50℃的温水，5~6秒后取出，依据吸管的粗细，试一两支就能确定时间。

7

用手将橡皮糖挤出，放在不粘布上，刚挤出来的时候有点湿，稍待10分钟，干燥的天气干得更快，软糖不粘手便可享用。

⏱ **保质期**

放入保鲜盒盖好，放入冰箱蔬果库，可防止水分被抽干，保存2~3天。

✔**小叮咛**

• 将糖果从吸管挤出来需要耐心。宜用喝珍珠奶茶的那种吸管，口径较大，质料柔软的。细硬的吸管挤起来比较困难。
• 果汁倒入吸管时要保持温暖，否则在半凝固的状态很难倒入吸管。
• 浸泡吸管的水的温度不能太高，浸泡时间也不能过长，否则橡皮糖完全溶解，变回液体状态。

牛奶软糖
奶味香浓，入口即化

【材料】（约55颗）

动物性鲜奶油········500克
原蔗糖或赤砂糖······80克
古法麦芽糖··········20克

【工具】

奶酪模··········7.5厘米×
　　　　　　7.5厘米×15厘米
烘焙纸··7.5厘米×15厘米
（铺底）

烘焙纸········55张14厘米×
　　　　　7厘米（包装用）

只需要鲜奶油、蔗糖和麦芽糖三种健康原料，就可以做出吃得安心，入口即化的软牛奶糖，俘获你的味蕾。没有添加剂，糖果须放入冰箱，不冷藏很快溶化。每天吃一颗，然后每天期待着，是一种生活小美好。

1 全部材料放入厚底锅里，中火加热，用木勺混拌，加热至咕噜咕噜的沸腾状态，为避免烧焦，必须边搅拌边熬煮。

2 糖糊熬煮至浓稠，用木勺舀起，滴落时半透明，转至小火继续熬煮。糖糊的颜色会逐渐变深，到达100℃就要开始注意，会焦化得很快，务必加快搅拌速度，一定要小心不要溅出来，非常烫！

3 从100℃到105℃的温度变化是非常慢的，要耐心持续搅拌，糖糊的水分蒸发掉，温度才会升高。糖糊温度升至105℃，倒入模型中，小心别用手碰触到高温的糖糊和模型。稍微冷却后，放入冰箱冷却约2小时。

4 用刮刀切入牛奶糖与模型之间的边缘，倒扣并轻敲模型，取出牛奶糖，用热水烫过刀锋，分切成喜欢的大小。

⏱ 保质期

用烘焙纸包好，放冰箱保存，保质期约半年。

✔ 小叮咛

• 若喜欢硬牛奶糖，糖糊煮至125℃，搅拌时一刮见底，不再是液态而是形成团状，倒入模型中，放置常温凝固，倒扣模型，即成硬牛奶糖。
• 若作为礼物，请用保温袋。
• 不能使用植物性鲜奶油，否则加热时会油水分离。

👨‍🍳 小教室

【麦芽糖】
　麦芽糖要选遵循古法制作的。市售廉价的麦芽糖，有些厂家为了节省成本，可能会使用来源不明、品质低劣的淀粉，如采用木薯粉取代糯米，并加入蔗糖使制成品颜色金黄，甚至有些是全化学调制，使营养价值及品质大打折扣。

焦糖杏仁太妃糖

香脆不粘牙，送礼很奢华

香脆的太妃糖配上巧克力和杏仁，搭配咖啡或茶，真是超级绝配！自己制作可以减糖，一次做一大堆，打碎放在铁罐里，不规则的随意美，充满家庭手作的幸福味道，送朋友或自己吃，超满足！

[材料]

（330克，约20块）

无盐黄油	100克
原蔗冰糖	80克
海盐	1/4小匙
古法麦芽糖	1小匙
70%黑巧克力砖	8克
杏仁碎	70克

1 矽胶垫铺在烤盘上，备用。杏仁碎放入烤箱以80℃烤热，保温。

2 无盐黄油切丁，放入锅中加热至半融化就可以，否则很容易油水分离。厚锅中加入原蔗冰糖、海盐及麦芽糖，轻轻搅拌，小火煮至糖完全溶化与黄油混合。

3 糖浆变为淡黄色，立即停止搅拌，转至小火，如开始油水分离，离火搅拌一下再继续熬煮，锅边的糖浆较易煮焦，加热时摇晃锅，糖温达150℃，颜色变为浅棕色，离火。

4 小心把糖浆倒在耐热的硅胶垫上，不要用手触碰滚烫的糖浆。用厨房纸巾吸干表面的油，放凉后就会变硬。

5 将巧克力切碎，放入碗里，隔水加热至45~50℃融化，搅拌成光滑流动的巧克力糊。

6 太妃糖表面撒上少许杏仁碎，淋上巧克力糊。

7 用刮刀均匀拨开，在巧克力凝固前赶快撒上剩下的杏仁碎，冷却凝固后敲成碎片。

⏱ 保质期

糖果之间以烘焙纸相隔，就不会粘在一起。送人可用塑料袋分小包包好，室温低于20℃，不用放进冰箱，室温可存放2周。

✔ 小叮咛

- 原蔗冰糖敲碎成大小均匀的碎块，否则糖温到达150℃的时候，大颗粒的冰糖有可能未完全溶化，吃起来便会咬到硬硬的冰糖。
- 糖浆的温度必须达到150℃，否则糖果会粘牙。

彩虹明胶果冻糖

每一口都尝到
天然果味芬芳

不添加人工色素，六种颜色的和谐搭配就像绘画调色一样。若想味道更好，可用自制果酱取代配方里的糖，味道会更棒，颜色相近的水果甚至可以混合搭配，创造出惊喜新口味。

天然色素

[材料]

（每种颜色，约24颗）

椰丝 ……… 适量（也可不加）

【红色】

新鲜洛神花 ………… 20克

（可用洛神花干代替，但色泽较暗）

冰糖 ………………… 50克

（可换成洛神花果酱3小匙）

清水 …………… 200毫升

吉利丁片 …………… 15克

★ 预备果汁：

洛神花去核切碎，与清水、冰糖一起放入小锅里，中火煮10～15分钟，花茶变成宝石般的深红色，用筛网过滤洛神花，留下洛神花茶。

【橙色】

鲜榨橙汁 ………… 200毫升

原蔗糖或赤砂糖 …… 1大匙

（可换成橙果酱1大匙）

吉利丁片 …………… 15克

★ 预备果汁：

橙子榨汁，加入原蔗糖拌匀，用筛网过滤橙肉，留下橙汁备用。

【黄色】（可以百香果汁＋麦芽糖，色泽更鲜黄）

鲜榨柠檬汁 ………… 3大匙

蜂蜜 ………………… 3大匙

清水 …………… 200毫升

吉利丁片 …………… 15克

★ 预备果汁：

柠檬榨汁，加入清水及蜂蜜，搅拌均匀。

【绿色】

七叶兰汁 ………… 50毫升

（七叶兰30克＋清水80克）

椰青水 ………… 150毫升

白砂糖 ……………… 1大匙

海盐 ………………… 适量

吉利丁片 …………… 15克

★ 预备果汁：

七叶兰洗净、切段，放进搅拌机内，加清水搅打，过滤叶渣。七叶兰汁放进冰箱过夜，用大汤匙舀起上面的七叶兰汁，取用沉淀在底部的墨绿色液体，浓缩的七叶兰精华才够香味，混合椰青水，加入白砂糖及盐拌匀。

【蓝色】

蝶豆花干 …………… 1克

麦芽糖 ……………… 1大匙

滚水 …………… 200毫升

吉利丁片 …………… 15克

★ 预备果汁：

以滚水冲泡蝶豆花，当花茶变为浅蓝色时将蝶豆捞起，加入麦芽糖拌匀。

【紫色】

蝶豆花茶 …………… 5克

原蔗糖或赤砂糖 …… 1大匙

（可用1大匙蓝莓果酱代替）

蓝莓汁 ………… 100毫升

滚水 …………… 100毫升

吉利丁片 …………… 15克

★ 预备果汁：

以滚水冲泡蝶豆花茶，过滤，加入蓝莓汁及原蔗糖，拌匀，蓝莓汁加入后茶色会变为紫色。

1

果汁试味，确定甜度是否理想。

2

吉利丁片以冷水泡开，待软化出现黏性后，挤干水分，隔水加热使其溶化。

3

吉利丁水加入两大匙果汁，少量果汁与吉利丁水混合，慢慢搅拌融合。

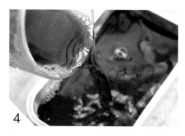

4

吉利丁水加入全部的果汁中，搅拌均匀，倒进模具里。

5

包上保鲜膜，放入冰箱冷藏5~6小时，凝固后切丁，或撒上椰丝享用。

✔小叮咛

- 明胶软糖的软硬由明胶与水分、糖分的比例来决定，明胶多则硬，明胶少则柔软。
- 明胶糖只能在温室保持凝固约半小时，享用时才从冰箱取出，要尽快食用！
- 明胶糖经过冷藏后的口感没那么甜，糖量可自行斟酌。
- 吉利丁片做出来的果冻糖韧度强，质量比鱼胶粉好。
- 凤梨、樱桃、猕猴桃含有蛋白分解酶，加热后也很难使吉利丁凝固，不适合制作果冻糖。

麻薯冰淇淋

天然水果制作

冰凉滑嫩、有弹性的麻薯外皮，浓郁绵密的天然水果冰淇淋，吃一口透心凉，让你优雅品尝，不会吃得到处滴、黏糊糊。麻薯皮冷冻后仍然柔软，秘密就在海藻糖，海藻糖不会发生美拉德反应，保水能力优越，可防止淀粉老化和蛋白质变性，加入麻薯、面包或蛋糕中，即使冷冻后回温都不容易变硬。

天然色素

[材料]

【麻薯皮】(12 个)

水磨糯米粉 ……… 150克

海藻糖 …………… 50克

清水 …………… 190克

玉米淀粉 ………… 适量

【草莓冰淇淋球】(6 个)

香蕉 …………… 200克

草莓 …………… 250克

覆盆子 …………… 50克

柠檬汁 …………… 1大匙

无糖花生酱 ……… 2大匙

（见P.155）

蜂蜜 …………… 1大匙

【芒果冰淇淋球】(6 个)

奶蕉 …………… 240克

芒果 …………… 300克

水果冰淇淋球

1

香蕉剥皮，切薄片。草莓去蒂，切去蒂头较多农药的白色部分。分别装入保鲜袋中，放入冰箱冷冻库2小时或以上，冰硬后才能用。

2

把所有冰硬的水果放入调理机，香蕉片、草莓丁若黏在一起尽量用手分开，加入柠檬汁、蜂蜜、坚果酱，以高速搅打至乳化，若感觉有些硬块仍未打碎，静待一会让香蕉稍微回温，再继续搅拌至细滑。

3

将冰淇淋倒入保鲜盒内，放进冷冻库2~3小时，便可挖球了。

麻薯冰淇淋

1

用冰淇淋勺挖出冰淇淋球，用刀压平表面成半球体，放在蛋糕硅胶模上，半球体向上，平底向下，放进冰箱冷冻室约1小时成硬实的冰淇淋球。

2

糯米粉加入海藻糖，搅拌均匀，边搅拌边加入清水，搅拌至干粉完全溶化，大火蒸5分钟成麻薯皮。

3

工作台上铺上烤盘布，均匀撒上玉米淀粉，把蒸熟的薯米皮放在上面，刚蒸熟的麻薯皮很烫且粘手，未放凉前不要用手触摸。

4 麻薯皮表面再撒上玉米淀粉，盖上另一块烤盘布，用擀面杖擀薄成约30厘米×40厘米的长方形，用滚刀切割成12个正方形，修整边缘不规则的形状。

5 用毛刷把麻薯皮表面的玉米淀粉刷掉，麻薯皮放在保鲜膜上，一层麻薯皮一层保鲜膜分隔开，叠好，防止变干。

6 保鲜膜放在杯子蛋糕模具上，铺上麻薯皮，放上冰淇淋球，半球体向下，平底向上，轻轻地把麻薯皮粘在一起，拧紧保鲜膜，包好，底部收口，放在蛋糕模具上定型，放回冰箱冷冻至少1小时，即可享用。

小教室

【海藻糖】

海藻糖由天然植物提炼而成。具有保湿及防止淀粉老化的特性，甜度低，只有蔗糖的45%，并能抑制冰晶生长，避免食物在冷冻时因冰晶膨胀而破坏食物口感。

✓小叮咛

如冷冻时间长，太坚硬切不开，室温回温5～10分钟，即可容易切开。

Part 8

手工饼干
Biscuit

幸福小心意

饼干的词源是"烤两次的面包"，从法语的bis（再来一次）和cuit（烤）而来。最早期的饼干主要成分是面粉、水或牛奶，以前是旅行、航海、登山时的储备食品。

现代厂商为了增加饼干的吸引力，使口感更酥脆可口，配料经常包含泡打粉、固体的氢化棕榈油、膨化剂、人工色素和香料等添加物，长期吃增加身体的负担。

饼干又不便宜，那就自己做吧！为家人的健康把关，没有机器冷冰冰的模式，准备材料，拌一拌再揉一揉，香味四溢的饼干小点心就出炉了！每片饼干大小独一无二，每一口咬下都感受到满满的爱心与热情。

消化饼

迷人麦香
丰富膳食纤维

最早的消化饼含有小苏打，以前的人以为小苏打的碱性能中和胃酸帮助消化，因而得名。现代人则以为消化饼含有"消化"一词，立即联想到减肥瘦身。事实上，消化饼真正的好处，是其成分中的全麦面粉、燕麦面粉含有大量膳食纤维，能刺激肠道蠕动。

不含
泡打粉

[材料]

（直径5厘米圆形饼干，约16块）

低筋面粉	70克	脱水黄油	30克
全麦面粉	60克	（见P.153）	
燕麦麸	20克	全蛋液	25克
无盐黄油	35克	黑糖	25克
		古法麦芽糖	10克

1 低筋面粉、全麦面粉及燕麦麸混合过筛，若麸皮不能通过网筛，倒回面粉里混合。

2 黄油及脱水黄油软化后，加入黑糖及麦芽糖，用打蛋器打发至柔软蓬松。

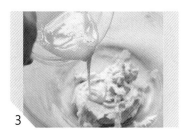

3 分3次倒入蛋液，每次加入后用打蛋器充分拌匀才加入剩下的蛋液，打成浓稠细滑的面糊。

4 把面粉筛入面糊中，用橡皮刮刀切拌均匀。

5 压成面团，放进冰箱冷藏1小时，使面团变硬至适合压模的硬度。

6 从冰箱取出面团，夹在两张烘焙纸中间，用擀面杖压成厚约0.3厘米的薄片，面团左右各放一根筷子，有助擀出厚薄均匀的薄片。

7 用直径5厘米的圆形切模压模，放在烘焙纸上，用叉子刺出小孔。剩下的边角面团重新揉成面团，再擀开，再压模。

8 预热烤箱，放进160℃烤箱烘烤约12分钟，传出饼干香味，颜色稍微变深便可出炉，放在烤架上放凉。

🍴 小教室

【燕麦麸】

　　燕麦麸富含膳食纤维，低热量，含有丰富的 β - 葡聚糖，能降血脂，并有益于肠道健康。

⏱ 保质期

放入密封的盒子，室温保存约2周。

✔小叮咛

- 加入脱水黄油和麦芽糖制作，可延长消化饼酥脆的时间，约2周不变硬。
- 面团要以按压混合，拌匀即可停止，否则揉搓出筋性，饼干便不松脆。
- 奶油不要过分软化，否则面团较湿软而黏手，难以操作。

威化饼

蓬松酥脆，入口即化

威化是英语Wafer的音译，轻盈松脆，表面布满细小的方格，口感和其他奶油饼干大不同，本身以淀粉（树薯粉或马铃薯粉）和水为主要材料，没有油脂，低热量，适合对麸质过敏或减肥的朋友。只要一个蛋卷模具，简单的食材，就可以做出无添加剂的美味饼干。

不含油脂

[材料]

（18块，圆形直径16厘米）

【 原味面糊 】

木薯粉……………………100克
榛果粉或杏仁粉………15克
原蔗糖或赤砂糖………10克
冷水……………………100克
滚水……………………100克

【 口味变化 】

★草莓口味～粉红色
原味面糊+自制草莓粉2小匙+
自制红肉火龙果粉1小匙

★南瓜口味～黄色
原味面糊+自制南瓜粉2小匙

★抹茶口味～绿色
原味面糊+抹茶粉2小匙

★蓝莓口味～紫色
原味面糊+冻干蓝莓粉1.5小匙

★可可口味～棕色
原味面糊+无糖可可粉2小匙

1 木薯粉过筛，加入榛果粉，加入冷水拌匀成粉浆。

2 100克水煮至大滚后，立即一边冲入面糊一边搅拌，直至完全没有粉粒，成为略浓稠的半熟面糊。如要做成不同味道，加入不同的天然色素粉末。

3 蛋卷模放在炉灶上，每面小火加热1分钟至发烫。

4 舀一汤匙的面团，放在蛋卷模上。

5 合上模盖，加热1分钟，反转再加热1分钟，至完全松脆熟透、表面光滑，如边缘有凹凸不平，表示火力不均匀，把边缘放在模具中央，再压烤30秒。

6 放在网架上，冷却后用刀切成喜欢的大小，可以单吃，或抹花生酱，一层层叠好，即可享用。

⏲ 保质期

威化饼容易受潮，放凉后必须放至密封的容器内，加入食用防潮包，保质期4~5天。

✔小叮咛

- 面团不能太浓稠成团，也不能太稀。
- 馅料适合选用油质的，如各种现磨坚果酱、种籽酱、巧克力。若夹入水分多的馅料，如奶油霜、果酱，威化饼迅速吸收水汽会变软而不脆。
- 炉灶的火力不均匀，加热的时间要自己调整。

巧克力饼干棒

咔嚓松脆经典不败

模仿市面上的一款蘸酱饼干棒，做法简单的硬饼干，细细一根，蘸上香浓的巧克力蘸酱，奶香浓郁，松脆可口，还可以沾上榛果碎，味道更富有层次感，完全不可能只吃一根！单吃饼干棒也很赞。

[材料]（份量约 50 根）

【饼干棒】

无盐黄油 ·············· 35克

低筋面粉 ············· 150克

原蔗糖或赤砂糖 ······ 30克

（用研磨机磨成糖粉）

鲜奶油 ············· 65毫升

岩盐 ·············· 1/8小匙

【巧克力蘸酱】

70%有机黑巧克力··150克

【抹茶巧克力蘸酱】

有机白巧克力 ········· 150克

抹茶粉 ··········· 2~3小匙

【草莓巧克力蘸酱】

有机白巧克力 ········· 150克

冻干草莓粉或覆盆子粉

·················· 2~3小匙

[其他]

保鲜袋 ················ 2个

（17.5厘米×18.5厘米）

1 原蔗糖用研磨机打成糖粉。低筋面粉、原蔗糖及岩盐放入手提调理机中，搅拌均匀。

2 从冰箱取出黄油切丁，加入低筋面粉中，用手提调理机低速混合，打成饼干屑的粉末状态。

3 分2次加入鲜奶油，启动手提调理机，低速搅拌，混合成面团，即可停机。

4 取出面团放在工作台上，用手按压面团，切开成2等份，重叠，旋转90°，按紧成长方形面团，再切开，重叠，重复3~4次，至面团表面变得光滑。

5 把面团分成2份，一份放进保鲜袋的正中央，另一份用保鲜纸包好放进冰箱备用。用擀面杖由上至下，由左至右推开，再从中央往左上角、左下角、右上角及右下角推开，把面团擀成四边平整、厚薄均匀的薄片，放进冰箱冷藏10~15分钟，变硬一点容易切成细棒。

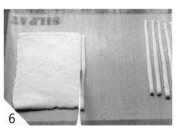

6 从冰箱取出面团，剪开保鲜袋，翻转放在铺有烤盘布的烤盘上，切割成宽约0.5厘米的细棒，排好在烤盘上，预热烤箱至170℃。

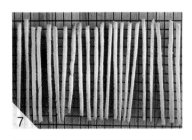

7 将细棒放入烤箱170℃烤10分钟，取出并旋转烤盘180°，放回烤箱降温至150℃再烤10分钟，即可取出放在网架上放凉。

8 掰开巧克力砖，放入高、窄、杯口小的玻璃杯中，隔热水溶解，搅拌均匀。

9 饼干放凉后，放进盛巧克力的杯子里，将杯子稍微倾斜，让饼干蘸到最多巧克力，滴落多余的巧克力，喜欢吃果仁可沾上榛果碎，平放在烘焙纸上，待巧克力干透便能脱离烘焙纸，即可享用。

⊙ **保质期**

放入密封盒或保鲜袋中，室温保存4~5天。

榛果酱美式巧克力软饼干

外酥里软的特殊口感

美式手工饼干有一种很特殊的口感，外酥里软，放凉后有嚼劲，巧克力加热后半溶化，有别于整个饼干硬邦邦的口感。把一半份量的奶油换成含有丰富的蛋白质和不饱和脂肪酸的榛果酱，营养更好，微甜不油腻。

[材料]

低糖

（10个，直径9厘米）

无盐黄油 …………… 70克	中筋面粉 …………… 60克
去皮榛果 …………… 80克	小苏打 …………… 1/2小匙
黑糖 …………… 40克	岩盐 …………… 1/4小匙
全蛋液 …………… 30克	原味生燕麦片 …………… 4大匙
天然香草精 ……… 1/2小匙	70%有机黑巧克力（可以不放或
（见P.154）	以坚果代替）

1
榛果铺平在烤盘上，送进烤箱100℃烤20分钟。放凉，用食物调理机打成奶油状的坚果酱；巧克力切丁。

2
大碗里放入无盐黄油和黑糖，用手提打蛋器高速打发2～3分钟，至糖完全溶化，奶油颜色变浅呈软滑的奶油状。

3
加入蛋液和香草精，用手提打蛋器低速打发混合均匀。

4
用网筛筛入中筋面粉、小苏打和岩盐，用刮刀搅拌均匀。面团很软难以成型是正常的。

5
预热烤箱至170℃。舀一汤匙球状面糊，放在铺有烤盘纸的烤盘上，用汤匙的底部稍微压平，每个饼干之间要预留约一个饼干的空隙。

6
在饼干表面撒一些燕麦，在表面镶入巧克力丁块，完成品将比较漂亮。

7
送进烤箱170℃烤11～13分钟，饼干逐渐变成扁平状，边缘呈现金黄色，关闭电源，打开门，饼干留在烤盘上1分钟。

8
刚出炉的热饼干软软的，冷却后变硬，底部烤成均匀的金黄色，表示烤熟了。

⏱ 保质期
用烘焙纸分隔饼干，放入密封盒或保鲜袋中，室温保存4～5天。

✔小叮咛
- 榛果可用其他坚果如花生、美国杏仁取代，不同坚果会有不同的香味。
- 这款饼干以坚果酱取代一半的黄油，加热时不会融化太多，用汤匙压平有助饼干变薄一些。
- 美式饼干的体积比较大，一汤匙球状的面糊烤出来的饼干为一般市售烤饼干大小，大小可依个人喜好而定，烘烤时依照大小调整烤饼干的时间。

豆渣意大利脆饼

豆渣不浪费

用豆渣代替一部分的面粉，制作过程只添加少量的植物油，糖也减量很多，不像传统意大利脆饼那么干硬，酥酥的很耐嚼，充满坚果的香气。

[材料]

（约25块）

不含奶油
少油低糖

冷冻豆渣 ·············100克

低筋面粉 ·············100克

全蛋液····100克（鸡蛋2颗）

原蔗糖或赤砂糖········45克

原蔗糖或赤砂糖·········5克

（用研磨机打成糖粉）

小苏打 ···········1/3小匙

塔塔粉 ···········2/3小匙

苦茶油··················1小匙

葡萄干或其他果干 ··· 35克

美国杏仁、腰果、夏威夷豆

···········65克

1 冷冻豆渣从冰箱取出，捏碎放在烤盘上，送进烤箱100℃烘烤30分钟，中途取出翻拌一下，让豆渣干燥至乳酪粉的状态，豆渣越干，饼干的口感越脆。

2 坚果放入烤箱100℃烤10分钟，放入石盅稍微敲碎即可；用手指揉搓让豆渣和面粉充分混合。

3 低筋面粉混合小苏打、塔塔粉，筛入大碗中，加入干燥豆渣和原蔗糖，搅拌均匀。

4 打散鸡蛋，混合苦茶油，倒入低筋面粉中。

5 加入坚果和葡萄干，用橡皮刮刀快速把所有材料搅拌均匀，干湿材料只要混合均匀成面团即可，不要过度搅拌，以免面粉产生筋性，饼干不松脆。

6 面团均分成2份，放在铺有烤盘布的烤盘上，塑成约6厘米×12厘米的长方形。

7 预热烤箱至180℃。用网筛在面团表面筛入一层薄薄的磨细的糖粉，饼干外皮会更酥脆。送进烤箱，170℃烘烤约20分钟，饼干表皮变脆硬即可出炉，放在网架上放凉约15分钟。

8 用刀将饼干切片，每片约1厘米厚。想要更脆一些，可再切薄一些。饼干充分冷却较容易切片，切面也会比较整齐。

9 把切片的饼干平铺在烤盘上，以150℃烘烤10分钟，取出翻面，再烤10分钟，饼干边缘有些微焦，饼干水分烤干变得干脆，放在网架上放凉，即可享用。

✔ **小叮咛**

- 这款饼干由于加入豆渣，饼干很快回潮变软，食用前放进烤箱100℃烤5分钟就会变回脆脆的。
- 豆渣很容易变坏，建议放入保鲜袋，每包100克，冷冻库冷冻，用的时候取出来退冰。

紫地瓜蛋卷
蛋香醇厚薄而松脆

[材料]

（30根，长14厘米）

无盐黄油·····················60克

脱水黄油·····50克（见P.153）

全蛋液·······150克（鸡蛋3颗）

糖粉 ·····················50克

低筋面粉·····················55克

紫地瓜粉·····················30克

纯黄油也可以制作出和酥油差不多效果的松酥感，只要把黄油加热蒸发水分，分离乳清，移除最易腐坏的牛奶蛋白质即可。加入这种"脱水黄油"做出来的蛋卷，浓浓奶油香，一口咬下去，松酥满嘴香，加入紫地瓜粉，粉紫色好浪漫。

黄油、脱水黄油室温变软，混合糖粉，搅拌均匀即可，不用打发。

打散鸡蛋，把一半蛋液分次少量加入奶油面糊中，用打蛋器拌匀，筛入一半低筋面粉，混合均匀即可，别过度搅拌。

加入剩余的蛋液，拌匀后加入紫地瓜粉及剩下的低筋面粉，搅拌均匀。

蛋卷模两面小火预热，不用涂油，加热至滴水立即蒸发，舀一汤匙面糊，放在模具上，盖上盖子加热约20秒至蛋卷边缘微焦，翻面再加热约10秒至稍微变金黄色，适当移动蛋卷模，让模具每一处均匀受热。

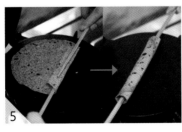

将筷子前后颠倒合在一起，挑起面饼的一端，迅速卷起，在收尾的地方压紧2~3秒，放凉后自会定型，握住筷子粗端，向两边抽出。蛋卷放在网架上冷却，即可享用。

✔小叮咛

• 刚做好的蛋卷如不酥脆，极可能是火候不够或不均匀，需要延长烘烤的时间。如第2天开始不酥脆，应是受潮变软，可放入烤箱100℃烤5分钟，冷却后会回脆。

• 蛋卷皮如有小破洞，或边缘有蕾丝状，是酥脆的正常表现。如破洞面积比较大，可能是蛋卷模受热不均匀，烘烤时要注意移动蛋卷模。

⏱ 保质期

蛋卷保存于保鲜盒或保鲜袋中，放入食物防潮包，防止受潮。

怪兽手指饼
万圣夜亲子点心

万圣节甜品使用的人工色素挺吓人的，做装饰还好，但不适合食用。DIY恐怖的巫婆手指饼很吓人却饶富趣味，非常应景，完全没有色素，做法简单，很适合和孩子一起制作，享受亲子时光。

[材料]

（份量10~12根）

无盐黄油	50克
原蔗糖或赤砂糖	40克
（研磨成糖粉）	
全蛋液	10克
低筋面粉	90克
杏仁粉	20克
美国杏仁	10~12颗
柠檬皮屑	1/2小匙

⏱ 保质期

放入密封盒或保鲜袋中，室温保存4~5天。

1 无盐黄油切丁，室温软化，用手指按黄油即下陷，加入砂糖，用橡皮刮刀压软。加入蛋液拌匀。

2 加入面粉、杏仁粉、磨碎的柠檬皮屑，拌匀成面团。将面团切成手指状。

3 用手将面团捏成手指状，在一端放杏仁当指甲，用小刀划出节纹。

4 预热烤箱至180℃，烘烤15~20分钟，放在网架上放凉。

椰糖小馒头
小巧酥脆超可爱

小巧雪白可爱，一打开就停不了口。做法挺简单的，不添加奶油，用天然不精制、低升糖指数的椰子糖，想让孩子吃得健康又安心的妈妈们，可以自己动手DIY试试。

[材料] （约150颗）

片栗粉	100克
低筋面粉	10克
椰子糖或棕榈糖	20克
全蛋液	30克
椰浆	10克
自制无铝泡打粉	1/2小匙

（混合两份塔塔粉及一份小苏打，取1/2小匙）

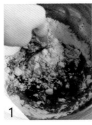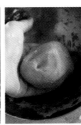

1 鸡蛋打散，加入椰浆和椰子糖拌匀，不用打至起泡。分次少量筛入片栗粉、低筋面及自制无铝泡打粉，混合。将松散的面团搓至光滑，不粘手而软硬适中，若因太干燥而裂开可加少许蛋液。如果太粘手可多加一些淀粉。

2 在工作台上撒少许片栗粉，面团用擀面杖擀平至约0.5厘米厚，切成约黄豆般大小的小方丁。搓成球形。

⏱ **保质期**

储存于密封罐中，可保存约1周。

✔ **小叮咛**

- 小圆球越小越脆，若体积太大，只有外层酥脆，里面粉粉的。
- 面团太干容易裂开，送入烤箱前可喷少许水，避免开裂。

3 小方丁放在两个小圆碗中，撒少许片栗粉防黏，合上碗，上下摇匀，小方丁自成圆球，将小圆球放在铺有烘焙纸的烤盘中，小圆球间要留些空隙。

4 预热烤箱至180℃，放入烘烤约5分钟，滚动一下小圆球让烤色均匀，避免底部烤焦，再烤5分钟，取出放凉，储存于密封罐中。

果酱夹心饼干
浓浓节日味道

林茨饼干是奥地利经典的传统甜点，香酥的饼干中加入了红色的红醋栗或覆盆子果酱。我们的配方以无糖花生酱和植物油为主，不含鸡蛋和奶油，一样松酥可口。酥脆的饼干融合果酱的甜酸滋味，做好的饼干隔天再吃，味道更棒！

不含蛋、奶油

[材料]

（直径5.5厘米，16个夹心饼干）

【果酱材料】

新鲜或冷冻覆盆子 ·····510克
原蔗冰糖 ················180克
柠檬汁 ···················6大匙

【饼干材料】

低筋面粉 ················200克
无糖花生酱 ············140克

（见P.154）

枫糖浆 ····················30克
（可用蜂蜜代替，不过蜂蜜加热后会有酸味）
米糠油 ·····················60克
岩盐 ·······················适量

【装饰】

糖粉 ·······················适量

[模具]

大模 ·········· 直径约5.5厘米
小模 ·········· 直径约2.5厘米

[预备]

玻璃罐用热水煮约10分钟，再用吹风机吹干，并把一个小碟子放进冰箱冷冻。

1

花生酱、枫糖浆、米糠油及岩盐放入大碗中，用橡皮刮刀搅拌，将所有材料混合在一起即可。

2

分两次筛入面粉，用橡皮刮刀切拌，不要搓揉，切拌至差不多看不到干粉，像面包屑般粗糙时，用刮刀按压，整理成一个面团，取出放在工作台上。

3

用刮刀把面团切成两等份，上下重叠，用手掌轻轻按压面团，旋转面团90°，用刮刀切成两等份，再上下重叠，轻轻按压。重复2~3次，面团就会由粗糙变得光滑。

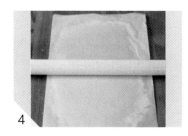

4

用擀面杖从面团中间依次向前、向后推开面团，把面团擀成厚约0.4厘米的厚片。如面团粘擀面杖，可在面团上铺上烘焙纸，比较容易操作。

5

用模具从边缘开始印出饼干图案，第一次擀的面团最酥脆，尽量减少剩余的边角，多印一些饼干。

6

每个夹心饼干需要两片饼干，所以数量最好是双数，大模型印好后，再取小模型在饼干中间压出喜欢的图案，然后把中间图案取出来，形成镂空，镂空的饼干占一半数量就可以。

7

预热烤箱至160℃。小心地把饼干转移至铺有烤盘布的烤盘上排好，送入烤箱，烘烤约15分钟，烤至表面金黄色，移至网架上放凉。

8

舀一小匙果酱放在没镂空的饼干上，不用涂满整片饼干，边缘的位置留空，否则果酱容易漏出。放上镂空饼干，轻轻压紧，成为夹心饼干。

9

饼干表面撒上糖粉，即可享用。

小教室

【覆盆子果酱做法】

❶ 覆盆子放入锅中，加入原蔗冰糖，中火煮至冰糖完全溶化，熬煮成果汁，熄火。

❷ 用网筛过滤覆盆子籽，用汤勺尽量把果汁压出。

❸ 把果汁倒回锅中，加入柠檬汁，小火熬煮10～15分钟，果汁越煮越浓稠，滴一滴果酱在冷冻过的碟子上，用手指划开，如果能看到清晰刮痕，果酱就煮好了。

❹ 趁热倒进玻璃瓶中，盖好瓶盖，倒转，静置一会儿，果酱瓶内就能达到真空效果。

❶ ❷ ❸ ❹

⏰ 保质期

饼干做好放入密封容器可保存3～4天，吃的时候才涂上果酱，因为饼干涂上果酱后会吸收水分而变软。

✔小叮咛

花生酱可以用其他坚果酱或种籽酱代替。

胚芽土凤梨酥

酥到入口即化

市面上的很多凤梨酥产品是以冬瓜泥添加香精做馅料。此配方以"脱水黄油"取代酥油，不加入添加剂较多的奶粉，酥到入口即化。馅料用自己炒的纯土凤梨，每一口都吃得到纤维丰富的凤梨馅。

[材料]

（约20颗，每颗20克）

【凤梨馅】

新鲜凤梨 ……………………1个

（去皮后净重550～600克）

原蔗冰糖 ……………… 90克

古法麦芽糖 …………… 60克

干桂花 ……………………10克

【凤梨酥皮】（26～28个）

（边长4.5厘米正方形模或猫形）

无盐黄油 ……………210克

脱水黄油 ‥40克（见P.153）

原蔗糖或赤砂糖 …… 40克

（研磨成糖粉）

全蛋液 ……………… 60克

杏仁粉 ……………… 45克

低筋面粉 ………… 320克

中筋面粉 …………… 25克

全脂奶粉 …………… 90克

小麦胚芽 …………… 30克

（包里外皮用，可以不加）

自制凤梨馅 ……… 560克

凤梨馅做法

1

凤梨除去头尾，去皮去钉。

2

切成4等份，切开纤维较粗的凤梨芯，磨成泥，其余的凤梨肉切成薄片，再切细条。

3

分两次将凤梨肉放入棉布袋中，搓揉拧干，榨出凤梨汁，越干越好。

4

将榨干水分的凤梨肉放入平底锅，加入原蔗冰糖，中火炒软5～10分钟，凤梨肉变金黄色，加入麦芽糖，小火再炒约10分钟，加入桂花。

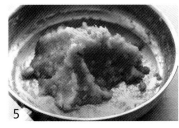

5

翻拌凤梨肉至呈黏稠的样子，离火，放凉。

6

分成20份，每个净重约20克，滚圆，底部沾少许小麦胚芽，便不会粘底。

凤梨酥做法

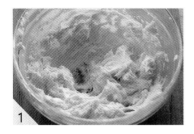

1. 黄油室温软化，连同脱水黄油、过筛糖粉放入大碗里，用刮刀搅拌成柔软的奶油状，注意奶油不能融化。

2. 分3次加入蛋液，快速拌匀。

3. 筛入奶粉、杏仁粉、低筋面粉、中筋面粉，搅拌均匀，直至面团不粘手为止，静置松弛30分钟。

4. 分割面团，每块重30克，滚圆备用。

5. 用手将面团按压成扁圆形，把凤梨馅置于中心，包起，收口，别让馅外露，否则烘烤时外露的馅料会烧焦，沾上小麦胚芽，用手掌轻轻滚压。

6. 将面团轻轻压入模具中，面团均匀紧贴四边。

7. 预热烤箱至170℃，烤10分钟至表面略呈金黄色，取出翻面，降温至160℃再烤6～8分钟，移到网架上冷却。

⏱ **保质期**

包装好，室温可存放2～3天。冰箱保存约1周。

✔**小叮咛**

凤梨馅可提早一天准备，冰箱冷藏备用，制作时才分割滚圆。

姜饼人
超可爱越看越舍不得吃

相传姜饼人是16世纪英国女王将姜饼制成她重要宾客的样貌，作为宴客的礼物。姜饼充满着姜、肉桂、丁香的香气，自己调配香料，以黑糖蜜提升味道，非常浓郁，很有圣诞气氛，送给朋友很暖心。用芥花籽油取代奶油，以巧克力和天然色素糖粉装饰，表情造型随意变化！

天然色素不含奶油

[材料]

（4厘米×10厘米人形饼干12个）

【饼干体】

低筋面粉 ············· 140克

黑糖 ················· 30克

芥花籽油或米糠油 ··· 30克

蜂蜜 ················· 25克

黑糖蜜 ··············· 10克

全蛋液 ··············· 25克

海盐 ················· 1/8小匙

小苏打 ··············· 1/2小匙

橙皮屑 ··············· 1大匙

（只要橙色的部分）

牛奶 ················· 少量

（涂抹饼干表面用）

【香料】

（混合以下材料取 1½ 小匙）

肉桂粉 ··············· 2小匙

丁香粉 ··············· 1/2小匙

肉豆蔻粉 ············· 1/2小匙

姜粉 ················· 1/2小匙

【装饰】

70%黑巧克力 ········ 50克

有机白巧克力 ········ 50克

★白色糖霜：30克糖粉+1小匙室温水

★红色糖霜：30克糖粉+1½小匙室温水+1/2小匙冻干覆盆子粉

★橙色糖霜：30克糖粉+1½小匙室温水+1/2小匙红萝卜粉

★黄色糖霜：30克糖粉+1½小匙室温水+1/2小匙南瓜粉

★绿色糖霜：30克糖粉+1½小匙室温水+1小匙抹茶粉

★紫色糖霜：30g糖粉+1½小匙室温水+1小匙紫地瓜粉

[模具]

人形饼干模

1

在大碗里混合黑糖、黑糖蜜、芥花籽油、蜂蜜、橙皮屑、盐及香料，静置5分钟让材料充分融合。

2

加入鸡蛋，用电动打蛋器中速搅拌2分钟，蛋糊变成浅棕色。

3

低筋面粉及小苏打过筛加入蛋糊中，用手搓揉成面团，移到工作台上，面团混合均匀即可，不用过度搓揉。

4

烤盘布上撒少许面粉，用擀面杖将面团擀至约0.4厘米厚，面团每擀几下便要翻面撒上少许面粉，以防粘底。

5

大块姜饼在转移的过程中容易破裂或变形，直接在烤盘布上用饼干模压出形状，然后取走切剩余的部分，饼干加热后会膨胀少许，饼干之间要预留多点空间。

6

饼干表面涂抹一层薄薄的牛奶，烤好后饼干表面更光滑。预热烤箱至160℃。

装饰

7

送入烤箱，大饼干烤约13分钟，小饼干烤10分钟。当饼干能轻易脱离烤盘布便是熟了，可取出置于烤架上放凉。

8

黑、白巧克力分别放入两个碗中，隔热水加热调温，溶解至光滑，搅拌均匀。

9

姜饼人放凉，把手、脚和头部浸入白巧克力中，放在饼干模上风干，干透后再把手、脚和头部浸入黑巧克力中。

10

调制糖饰。向糖粉中加入天然色素粉末，分次少量加入室温清水，慢慢混合成浓稠有光泽的糖霜。

11

将挤花袋的尖端剪个小洞，套上挤花嘴，并将糖霜装入挤花袋里。

12

在姜饼上挤出喜欢的线条和图案。

13

糖饰完全干透后，放入漂亮的包装袋里，绑上蝴蝶结。

⊙ **保质期**

刚出炉的姜饼很酥脆，包装好后存放在密封的容器内，在寒冷的天气可保存4～7天，时间越长饼干越松软。

✔ **小叮咛**

• 不同花源的蜂蜜浓稠度和结晶度不同，流质较稀的蜂蜜会使面团过于湿润，难以操作。结晶度高的蜂蜜较适合，如苜蓿蜂蜜和荔枝蜂蜜。
• 若面团过湿出现难以压模的情况，可酌量多加面粉，或放进冰箱冷藏一会儿。
• 姜饼人做好2～3天后，天然色素氧化褪色是正常现象。

👨‍🍳 **小教室**

【黑糖蜜】

　　甘蔗榨汁，重复浓缩分离出糖结晶后，留下的黑色黏稠糖浆，就是糖蜜，完整保留了甘蔗原有的天然风味。浓稠、深黑、少甜、微苦，非常适合制作姜饼人。可选购有机且未经硫化的黑糖蜜。

Part 9

蛋糕
Cakes

幸福魔法的惬意茶点

蛋糕，并非一定是出自名店的精致点心，不管出现在哪个场景里，都有一种让人绽放笑容、愉悦心情的神奇魔法力量。暂时放下忙碌的工作，一边懒洋洋听着音乐，一边品尝着诱人的小蛋糕，放松神经，如此美好的午后，想想都觉得很享受啊！

坚持一贯的无添加原则，这个系列的蛋糕小点心，没有泡打粉、人工色素和氢化油，减油少糖。纯朴不造作的迷你铜锣烧、可爱讨喜的林明顿、一口接一口的迷你松饼，哪一款最讨你欢心？

迷你铜锣烧

哆啦 A 梦的最爱

利用鸡蛋打发过程中混入的空气，不用加泡打粉也可以做出松软好吃的铜锣烧饼皮，迷你铜锣烧一口一个。因为饼皮面积小，连分蛋步骤也省了，蛋黄连蛋白一起打至起泡，轻轻翻入糖水和面粉，小心不让面糊消泡，加入甜度适中的红豆馅，哆啦 A 梦一定抢着吃！

[材料]

（直径4.5厘米50块，可做25个铜锣烧）

全蛋液·················100克

原蔗糖或赤砂糖·······35克

味淋·················1大匙

蜂蜜·················1大匙

日本酱油·············1/2小匙

清水·················50毫升

低筋面粉·············100克

自制红豆馅·············160克

（见P.153）

1

将味淋、蜂蜜、日本酱油及清水混合成糖水，拌匀备用。

2

在全蛋液中加入原蔗糖，用电动打蛋器打至蓬松、泡沫泛白，用打蛋器舀起材料写字，还能稍微留下痕迹，泡沫呈现绵细的状态，即发泡完成。

3

分次加入一半步骤1混合的糖水，刮刀由容器垂直切入底部，将蛋糊由底部轻轻横向翻动到上面，一手转动容器，一手翻拌3~4次，切勿打转搅拌，造成消泡。

4

低筋面粉过筛，分为两份，一份均匀撒在蛋糊上，以步骤3的翻动方法，直至干粉与蛋糊均匀混合，看不到粉粒，容器边缘的蛋糊也要刮下来混合。

5

加入剩余的糖水，翻拌数次，筛入剩下的面粉，翻拌均匀。

6

平底锅加热至喷水能立即蒸发，即可将1小匙面糊滴落锅中。松饼开始冒出小泡泡，翻面。

7

两面煎至金黄色，同时可煎数块。

8

趁外皮温热夹入红豆馅，这样不易脱落。翻拌数次，筛入剩下的面粉，翻拌均匀。

⏱ 保质期

室温20℃或以下，可放在室温保存1~2天。天气太热时，放进冰箱冷藏，保质期2~3天。

👨‍🍳 小教室 ··········

【味淋】

　　日本调味料。由甜糯米及酒曲酿成，甘甜有酒味。含40%~50%糖分及约14%酒精。能去除腥味，增加食物的光泽，使成品外观看起来更诱人。

·······················

港式纸包蛋糕

会呼吸的软绵蛋糕

纸包蛋糕是香港茶餐厅的经典点心，以烘焙纸包裹着，两三口就能吃完的迷你戚风蛋糕，浓郁的蛋香，那蓬松的口感，一吃就止不住了。在家也可以轻松做，只要分别打发蛋白和蛋黄，即使不用泡打粉，蛋糕也一样超松软。将奶油改为植物油，基础配方加入七叶兰，口味更清新！

[材料]

（放在气泡内）不含泡打粉

[5厘米（底）×6厘米高蛋糕杯 6个]

蛋黄 ·················150克

（鸡蛋6颗，不连壳每颗净重 50克）

蛋白 ·················125克

低筋面粉 ·············80克

玉米淀粉 ·············20克

米糠油 ···············70克

原蔗糖或赤砂糖 ·······40克

（研磨成糖粉）

七叶兰 ···············4克

牛奶 ···············120克

1

七叶兰剪去根部，洗净，剪碎，加入120克的牛奶打汁，静置1小时，让精华沉淀杯底，不要搅动，轻轻舀起上层的牛奶，取用剩下的70克牛奶。

2

烘焙纸剪成20厘米×20厘米的正方形，沿着烤杯平均地摺出四角，摺好放入烤杯中，套上另一个烤杯压实。蛋糕烘焙后会膨胀升高，烘焙纸的高度比烤杯要高2~3厘米。

3

低筋面粉、玉米粉过筛，加入七叶兰牛奶及米糠油，搅拌均匀，不要过度搅拌，否则面粉起筋，蛋糕不细滑。

4

蛋黄打发均匀，加入刚搅拌好的面粉糊，用电动打蛋器低速将材料搅拌均匀成蛋黄糊。

5

蛋白以最高速打至起泡，分3次加入原蔗糖粉，打至勾起小弯勾，若打过头蛋白结成硬泡状，使蛋糕的气孔过大，会影响蛋糕松软的口感。

6

蛋白霜分3次轻轻拌入蛋黄糊中，用切拌的方法混合至没有粉粒。

7

预热烤箱200℃。面糊平均倒入6个烤杯中，送入烤箱降温至180℃烤20分钟，放在网架上冷却。

✔小叮咛

• 原味蛋糕，牛奶70克中加入1/4小匙天然香草精，可取代七叶兰。
• 混合蛋白霜和蛋黄糊的过程要快，力道要轻，尽量不要压破气泡，过程要一气呵成，否则气泡摆放太久会破碎，影响质感。
• 因未使用泡打粉，蛋糕冷却稍微回缩是正常现象。

小教室

【七叶兰／班兰叶】

东南亚常用的香料之一，香味清新，是带有香味的天然色素，打成汁液添加在甜点内。

柠檬林明顿
甜酸清爽的咖啡茶点

林明顿在大家很熟悉的咖啡连锁店和快餐店均有售，口味很多。传统做法用巧克力包裹蛋糕，柠檬味林明顿更讨喜，蓬松柔软的海绵蛋糕蘸上柠檬蛋黄酱和椰丝，甜甜酸酸好清爽。材料中未使用乳化剂，但非常松软，为林明顿加分不少。

[材料]

（8×8寸/20厘米正方形模具，可制作约4.5厘米立方体蛋糕16块）

【蛋糕体】

全蛋液	260克
（鸡蛋约4⅓颗）	
原蔗糖或赤砂糖	80克
蜂蜜	14克
古法麦芽糖	14克
低筋面粉	150克
无盐黄油	20克
牛奶	35克
椰丝	160克

【柠檬蛋黄酱】

（可制作约400克）

鸡蛋	2颗
柠檬汁	160毫升（约4个）
柠檬皮屑	2个
蜂蜜	100克
无盐黄油	120克

1

模具铺好烘焙纸。将蜂蜜及麦芽糖加热至40℃，隔水加热保温。小锅里加入无盐黄油和牛奶，备用。

2

向全蛋中加入原蔗糖，底下放一盆热水加温，用手提打蛋器打发，蛋糊变稠，颜色变浅，泡沫变细，体积明显增加，拿起打蛋器能滴出明显痕迹，别过度打发，否则蛋糕会膨胀裂开。

3

小火加热黄油和牛奶至80℃，使水分和油分乳化。千万不能煮沸，拌入面团时在炉旁观察温度。

4

低筋面粉过筛，分8次加入蛋糊中，混合时刮刀垂直切入蛋糊中，向9点钟方向从底部翻起，左手以逆时针方向转动90°，刮刀再次垂直切入蛋糊中，重复直至看不见面粉，刮刀混合要轻且快，直至面粉完全混入。

5

预热烤箱至170℃，将热牛奶和奶油加入蛋糊中，以切拌的方式混合均匀。倒入铺有烘焙纸的模具中，放入烤箱以160℃烤20分钟。

6

取出蛋糕，连同模具一起放在网架上，用汤匙敲一敲，散走热气。从模具取出蛋糕，拿走烘焙纸，放在网架上冷却，蛋糕切成16大块。

7

将每面蛋糕都蘸上柠檬蛋黄酱，把多余的酱料抹掉，再放入椰丝中，每一面蛋糕均匀沾上椰丝，即可享用。

⏱ 保质期

未蘸蛋黄酱的蛋糕放入保鲜盒置冰箱保存，3~4天内吃完。

✔小叮咛

• 电炉加热液体到适当的温度后关掉，熄火后可利用余温保温。
• 蛋糕不要切太小，否则蘸的柠檬蛋黄酱的比例便会增加，吃起来比较甜腻。

👨‍🍳 小教室

【柠檬蛋黄酱做法】

❶ 玻璃瓶放入沸水中煮10分钟消毒，用吹风机吹干。黄油切丁，放在冰箱里备用。

❷ 柠檬削皮屑，只要黄色的部分，白色是苦的。剩余的柠檬切半，榨汁，削了皮的柠檬较容易榨汁。

❸ 预备小锅，放入热水煮沸。把鸡蛋、柠檬汁、柠檬皮屑及蜂蜜放入不锈钢盆中，用打蛋器搅拌至混合。

❹ 把装了蛋浆的不锈钢盆放在热水煮沸的小锅上，将火力转至最小，持续搅拌，让液态的蛋水慢慢乳化，煮成浓稠的蛋糊，过程需时10~12分钟。

❺ 从冰箱取出黄油，边搅拌边加入蛋糊中，利用蛋糊的余温溶化黄油。

❻ 若喜欢细滑一点，可过筛。放入玻璃瓶保存，存放冰箱保质期约2周。

①

②

③

④

⑤

⑥

迷你松饼
一口一个的松酥

想吃下午茶又不想大费周章，那就把冰箱里常备的食材拿出来搅拌搅拌，做成小巧松饼，一口一个，厚实而松酥。只要简单的食材和松饼模，不用半小时就可以完成，做好的面团可放在冰箱，需要时即烤即吃，很是方便！

[材料]（约28个）

低筋面粉	170克
玉米淀粉	5克
原蔗糖或赤砂糖	40克
岩盐	少许
鲜牛奶	2大匙
鸡蛋	1颗
脱水黄油	45克

（见 P.154，也可以无盐黄油代替）

[模具]

松饼模

1
将面粉及玉米淀粉过筛，加入原蔗糖及岩盐拌匀。加入鲜牛奶及鸡蛋，用刮刀把材料混合均匀，刮刀要垂直把半干湿的面团切成粗颗粒，不要搓揉以免起筋。

2
面团分割成4份，每份再分割成8份，共得32份，搓圆成球状。面团分割多少份可视模具大小调整。

3
松饼模不用涂奶油，直接把松饼模放在煤气炉上加热，如用松饼机需预热到指示灯熄灭。在松饼模十字型的位置放上小面团，视你的松饼模有多大，模型大可一次多放一些。

4
松饼模盖好，加热2~3分钟，打开取出。小火烤1分30秒再反转烤另一面。时间视火力调整，第一次先用1个面团测试。松饼表面微焦，外皮脆硬即完成，倒出放在网架上放凉。

⏱ 保质期
新鲜做好的松饼最好吃，放入密封盒内，2天内吃完。

✔小叮咛
• 未烤的面团用保鲜膜包好，放进冰箱冷藏，吃的时候拿出来退冰，变软就可以制作，随时吃到新鲜的松饼。
• 采用乳清和水分分离的脱水黄油制作，松酥感更好，即使第2天吃也不会变硬。若用无盐黄油制作，第2天便会变得很硬。

冰皮月饼
软弹清凉的月饼

不用高温烤制的中秋节月饼，外皮由糯米粉、黏米粉、澄粉搭配油、牛奶蒸熟冷却后做成。纯白色的外皮晶莹剔透，像极了夜空中的一轮明月，运用蔬菜天然色素粉做出多彩缤纷的外皮，清甜沁心的天然内馅，更令人惊喜。

[材料]

【冰皮】

（直径5厘米约32个，每色8个）

水磨糯米粉 ··········· 120克

黏米粉 ··············· 80克

低筋面粉 ············· 30克

澄粉 ················· 20克

原蔗糖或赤砂糖 ······ 70克

牛奶 ··············· 500毫升

米糠油 ··············· 6大匙

炼乳 ················· 6大匙

糕粉···50克（以糯米粉炒熟）

【冰皮颜色】

（冰皮饼皮每份180克/每色8个）

★红：红肉火龙果粉2小匙

★橙：南瓜粉6小匙

★绿：抹茶粉2克

★紫：紫地瓜粉6~7小匙

【馅料】（每个月饼40克）

红豆馅／绿豆馅／紫地瓜馅

··········· 1280克（见P.153）

[模具]

63克月饼模

1
将糯米粉、黏米粉、低筋面粉、澄粉及糖放入大碗中，分次加入牛奶，搅拌均匀后加入炼乳及米糠油，继续搅拌均匀，油不容易被粉浆吸收，过筛数次才能完全混合。

2
粉浆用网筛过滤两次，确保没有凝固的硬块，倒入糕盘，油脂浮在表面是正常的。大火蒸30~40分钟，时间依据面皮糊的厚薄，插入竹签测试，没有厚厚的面糊黏着便是熟了。

3
称量馅料的重量，滚圆。每个馅料重40克。

4

刚蒸熟的冰皮面团，油水尚未完全混合，分为4份，分别加入天然色素粉，用烤盘布包反复对折，搓揉均匀至柔软有弹性。

5

冰皮面团用塑胶刮刀分割，每种颜色分成8份，每个约30克。

6

工作台上撒上糕粉，将沾满糕粉的冰皮面团滚圆，盖上烤盘布，压扁面团，右手滚动擀面杖，左手转动饼皮，擀成中心厚边缘薄的圆形饼皮。

7

包入馅料，收口，塑成窄长的椭圆形，直径比模具稍小，收口向上，竖直放入模中。

8

将饼模平放在工作台上加压。

9

推出，用毛刷轻轻刷去多余的糕粉。

⏱ 保质期

冰箱冷藏，避免放在出风位置。包装盒最好密封，里面放1~2片厨房纸巾，厨房纸巾变湿即更换，2~3天可保持柔软。月饼切开要尽快吃掉，一般不能放置超过2小时。

✔小叮咛

馅料和冰皮可提前一天制作，放在冰箱。馅料要扎实，水分不能太多，冰皮的形状才漂亮，否则易塌陷或变形。

👨‍🍳 小教室

【澄粉】

澄粉是从小麦淀粉提取所得，在加工小麦制成面粉的过程中，把面粉里的粉筋与其他物质分离出来，粉筋成为面筋，剩下的就是澄粉，不含面筋，黏度和透明度较高，主要用于制作中式糕饼或点心的粉皮。

专栏1

天然色素
大自然的调色盘

　　五彩缤纷的食用色素添加到食物中，虽然可以改善食品的外观，刺激食欲。不过若食用过量，无疑会增加身体代谢负担。有研究指出，标示为黄色4号、黄色5号、红色6号、红色40号的人工色素，与儿童多动及注意力不集中有关，并可能造成儿童智商下降。

　　大自然这么多色彩神奇的食物，本身是一种营养素，不好好运用岂不可惜？把平时吃不完的水果和蔬菜，或风干打磨，或榨汁浓缩成液体，一样可以为食物添上漂亮彩妆。

天然色素是有味道的

★ 来自蔬菜水果的天然色，因为颜色来自真正的食物成分，不论是粉末或液体，其风味会保留下来，不过一般使用的天然色素占整体配方比例不高，味道被其他食材稀释，本身的味道并不凸显。

接受天然色素的不稳定

★ 天然色素的颜色是不稳定的，容易受到氧化、光照、温度、pH 及其他材料的影响，零食存放数天可能会出现褪色或变色，影响其着色效果。

★ 使用天然色素是有挑战性的，每批的蔬菜水果存在细微的差异，每次的制成品都未必一模一样。

★ 天然色素色调柔和，不像人工合成色素色调强烈。

★ 天然色素加入其他食材后，例如面粉、水，原来鲜艳的颜色被稀释变浅变淡属于正常。

★ 含有花青素的水果及蔬菜，对热非常敏感，加热后颜色可能会变得暗黑不亮丽。

粉末 VS 液体

★ 液体天然色素含有水分，不宜久放，要即做即用。

★ 天然色素粉末是极为干燥的产品，细菌、霉菌缺乏水分就难以在其中生长，不需要防腐剂，可以室温保存 2 ~ 3 个月，存于密封的容器内加入食用防潮包，可防止结块。

★ 可以从各种植物的根、茎、花、叶、果实中取得天然色素，果汁或蔬菜汁是比较容易获得的液体天然色素来源，但并不是每一种都能有良好的染色效果。

★ 抹茶粉和可可粉的制作工序繁杂，不能在家里自行制作，大部分水果和蔬菜都能脱水制成粉末。高糖水果脱水磨粉后较容易受潮，粉末容易结块。

★ 叶菜、水果经过干燥脱水，磨碎可制成粉末色素。含有淀粉质的根茎类蔬菜先蒸熟压泥再打磨比较容易研磨成粉末。

真空冷冻干燥

★ 冻干机采用的是将含水食物预先冻结，然后在真空状态下将其水分升华而干燥的一种技术。经冷冻干燥处理的物品易于长期保存，加水后能恢复到冻干前的状态并保持原有的特性，此干燥技术有别于热风干燥，食物颜色保存比较好。冻干技术成本高，并未普及于家庭电器，市面有一些注明冷冻干燥的水果或蔬菜干，就是使用这种技术干燥脱水。

天然色素的运用

★ 不能包含液体的配方，如饼干、马卡龙，只能使用干燥脱水的天然粉末。粉末的渗透力比较弱，与面粉或淀粉等混合后，静置 5 ~ 10 分钟，色素就会更好渗入面团里面。

★ 可可粉、咖啡粉、茶叶、干花和香料，已经是粉末状的，可直接使用。

★ 水果直接打成果汁，加水会稀释颜色，染色效果变弱。叶菜类先漂烫，再加清水打成蔬菜汁。

★ 大部分干燥的粉末可溶于水或液态材料。

★ 粉末若要加入蛋白霜中，可能出现结块现象，加入时要先用网筛过滤。

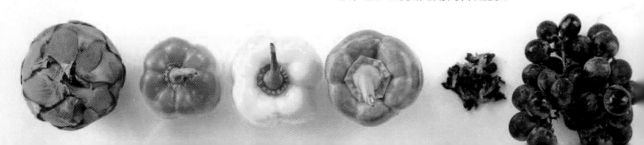

常用的天然色素

粉末

红色

草莓粉： 草莓的漂亮颜色来自于花青素中的矢车菊色素和天竺葵色素，容易氧化，做好要尽快使用。市售有一种冻干草莓粉，能保留草莓的鲜红色，染色效果较好。

覆盆子粉： 含有花青素中的四种青色素和两种天竺葵色素，微酸。市面有一种冻干覆盆子，买回家研磨成粉末，能把食材染成漂亮的粉红色。

红肉火龙果粉： 浓度高，染色力强，会随着排泄物排出体外，是消化系统的正常现象。

橙色

胡萝卜粉： 其含有的胡萝卜素是橙色的光合色素，保护光合作用免于受到紫外线破坏，染色效果稳定，不过味道比较强烈。

黄色

南瓜粉： 含 β - 胡萝卜素，颜色比胡萝卜粉浅，南瓜粉味道较容易接受，适合做甜味的点心。

绿色

抹茶粉： 含有的天然叶绿素一般都不耐高温，在烘焙过程中褪色或变暗是正常现象。制作抹茶专用的玉露茶成本极高，日本京都产的抹茶品质

较好。并不是越绿越好，在烘焙材料店购买的"抹茶粉"或"抹茶风味粉"，有可能加入了人工着色剂铜叶绿素。

紫色

紫地瓜粉： 紫色来自花青素，遇酸性（指pH，不是味道）变红，遇碱性变蓝。若与小苏打或泡打粉同时使用，会变成灰蓝色。花青素是水溶性色素，泡水掉色是正常现象，不过若紫地瓜在泡水后全部掉色，或内外颜色不一致，有可能是商家用普通甘薯染色而成。

棕色

无糖可可粉： 可可豆经过发酵、干燥、烘焙、研磨，制成可可汁，可可汁再制成可可脂与可可粉。

黑色

黑芝麻粉： 制作芝麻糊后剩下的芝麻渣，压平烘干研磨而成。

液体

　　食材直接打成果汁，茶叶、花茶等可以水泡开，适合冷点、麻薯及果冻。

红：洛神花、覆盆子、小红莓、樱桃、
　　石榴、红肉火龙果、西瓜、番茄
橙：橙子、葡萄柚 *
黄：西番莲 *、凤梨 *、芒果 *
绿：香兰叶汁、小麦草、猕猴桃 *
蓝：蝶豆花
紫：蓝莓、黑加仑子、黑桑椹、葡萄
（* 含有蛋白酶，若配方里含有吉利丁，可能无法凝固 ）

自制食材

懂得善于利用预先做好的食材，以后做点心自然能随心所欲，这就是厨房的智慧。

自制脱水黄油

[材料]

（可做出约200克的脱水黄油）

无盐黄油 ············ 250克

（留意食物标签上没有添加剂，
成分越简单越好）

1. 无盐黄油切小块，放进锅里，以最小火让黄油慢慢融化，不要搅拌。
2. 中火煮至沸腾，表面浮起白色泡沫，轻轻用汤匙舀起，完全去除白色泡沫后，转至小火，当黄油不再冒出泡沫，代表水分已经完全蒸发，离火。
3. 静置几分钟，白色乳清便会自然分离沉淀在底部，脱水黄油浮在上面。
4. 用棉布袋过滤，倒入清洁的玻璃瓶。当看到锅底的白色浮清时停止倾倒，用汤匙小心将浮起的脱水黄油舀起放进滤袋中。每50克存放在一个容器中，方便使用。
5. 未凝固的液态脱水黄油很清澈，冷藏凝固后色泽变为淡奶黄色。使用前，从冰箱取出回温至稍软，不要过度软化，否则面团很难操作。

自制红豆馅

[材料]

红豆 ················· 250克

原蔗糖 ··············· 100克

古法麦芽糖 ·········· 2大匙

澄粉 ················· 15克

油 ···················· 1大匙

海盐 ················· 少许

清水 ··············· 1000毫升

1. 红豆泡水 2 小时或以上，倒掉泡过的水。放入锅中，加入 1000 毫升的清水，煮滚后，调为小火熬煮 30~45 分钟把红豆煮软，直至剩下少许水分，加入原蔗糖及海盐，拌匀。用手提搅拌棒打成红豆泥。
2. 加入麦芽糖、油，小火加热。不停搅拌，让水分蒸发，小心焦底，用网勺过滤澄粉，加入红豆泥中拌匀即可。

自制无糖花生酱

1. 花生放在烤盘上，份量随意，送入烤箱以120℃烤约20分钟。家里没有烤箱，下锅炒也可以。高温烘焙花生比较容易触发过敏反应，也会破坏营养成分，最好以烤热但不上色为准。
2. 花生稍微放凉，用手磨擦花生，花生壳便很容易剥下。
3. 放入搅拌机中，先把花生打碎成颗粒，若想制作粗颗粒花生酱，可盛起少许，待花生酱打好后混合。把花生打成细滑的乳脂状，打发次数越多，花生酱越细滑流动，可随意调整，打到想要的硬度，就完成了，放入消毒过的玻璃瓶，可冰箱保存3个月。

自制天然香草精

[材料]

香草豆荚 ············ 4~6根
（越多越香）
伏特加酒 ············ 250毫升

1. 将可密封的玻璃容器放入锅中，倒入冷水，煮滚10分钟，放入100℃烤箱烘干，或电吹风机吹干。
2. 用刀直向剖开香草豆荚，用手稍微剥开，露出里面的籽，用刀背把里面的黑籽轻轻刮下来，别太用力。连同黏膜刮下的籽很难在酒精中散开。
3. 将伏特加倒进玻璃瓶内，加入香草籽及剖开的香草豆荚，摇晃瓶子，存放于阴凉处，第一周最好每天摇一次，之后每2~3天摇晃一次。酒精的颜色会慢慢变深，味道渐渐被香草豆荚取代，9个月至1年后便可使用。

自制蒜粉、
洋葱粉、姜粉

[材料]

洋葱 ·········· 340克（2个）
（可制作约40克洋葱粉）

独头蒜 ······ 200克（10颗）
（可制作约80克蒜粉）

姜 ············ 200克（3块）
（可制作约90克姜粉）

1. 洋葱切去根部，抓紧顶部，用切片器切成薄薄的洋葱圈。
2. 独头蒜切去根部，便能用刀轻易去皮，用切片器切成薄薄的蒜片。
3. 姜去皮，用切片器切成薄薄的姜片。
4. 把洋葱、蒜头铺在烤盘上，放入干燥机以70℃烘干。蒜片和姜片脱水约4小时，洋葱脱水约2小时，薄片变得硬脆就完成，适合在天气干燥的日子制作。
5. 用研磨机打成粉末，放入保鲜袋或密封的玻璃瓶，可存放半年。

自制盐曲

[材料]

白米曲种 ·············100克
海盐 ·············20～25克
矿泉水 ·············150毫升

1. 玻璃瓶洗净，用吹风机吹干，把白米曲种用手指拨碎，放入瓶中。
2. 加入海盐及矿泉水，搅拌均匀。
3. 盐曲在低温下慢慢发酵为佳，夏天需放进冰箱，每天取出来搅拌。1～2周后，米曲由颗粒状变成糊状即发酵完成，取用的汤勺必须干爽无水无油。冬天室温放置1周，每天搅拌一下，待它发酵完成，放回冰箱保存。

无添加点心

1. 选择食材以什么为准则?

✔ 蔬菜水果有选新鲜的,一些很难买的水果才退而求其次选择冷冻的。

✔ 尽量选购未经处理的原材料,肉买整块,不买切好、预先绞碎的或调好味道的半加工食品。

✔ 半制成品,如果酱、坚果酱、香草精、馅料,买新鲜食材自己加工。

✔ 面粉、奶油、糖、盐、调味料,由于有专业的生产机械及繁复的制作流程,自己比较难以制作,尽量选购有机、不漂白、添加剂种类较少的产品。

✔ 尽量选择有机食材。经过基因改造的食物,可能具有人体未曾接触过的蛋白质或其他物质,对于这些未知的蛋白质或物质,有些人会特别敏感,进而产生过敏反应。

2. 如何挑选现成的包装食材?

✔ 配料表中的各种成分是按添加量的多少而排列,排列越靠前的成分,含量越高,排列越靠后,成分比例越少。

3. 原蔗糖可以用白砂糖代替吗？

- 白砂糖是精制蔗糖，在甘蔗的制糖过程中，添加少量二氧化硫把甘蔗的糖蜜除去，经过滤、结晶、脱色精炼而成，除了甜味，营养和甘蔗的香味几乎完全丧失，被营养学家称为空卡路里。糖粉是白砂糖研磨的细粉，冰糖由白砂糖提炼再结晶。

- 原蔗糖的制作方法和白砂糖最大的区别，是炼制的过程较少甚至没有化学程序，例如把甘蔗汁煮开蒸发水分，再提纯除去表面的糖蜜和杂质，有严格的制糖程序。这些糖以制作方法或产地命名，名字如商标，购买进口的糖一定要认识它们的英文名称，才不会买到以白砂糖加入人工色素、鱼目混珠的产品。

- 味觉对于"矿物质"较为敏锐，精制程度较低的含蜜原蔗糖保留较多的矿物质，所以尝起来比白砂糖"甜"，糖精制程度越高，纯度越高，越不甜。使用白砂糖的配方如果换成了原蔗糖，糖的份量减少约10%，能达到相同的甜味。

4. 常用的原蔗糖有哪几种？

- 原蔗糖、夏威夷螺旋糖、赤砂糖。特点是干燥，糖粒粗糙，味道温和，适合取代白砂糖，用研磨机打成粉末，可取代糖粉。

- 若制成品没有颜色的限制，黑糖、椰糖或棕榈糖都是不错的选择。这些糖幼细湿润，香味浓郁，不用加热也能轻易溶解，容易与其他食材混合。

5. 为什么不用精盐？

- 精盐通过化学加工，大部分矿物质都在精制过程中除去，氯化钠含量超过99%，没有任何苦涩的味道，但也失去了丰富的天然风味。我喜欢用喜马拉雅岩盐或天然海盐。这些盐的加工过程比较严格，例如不以金属接触盐，避免加热，天然晒干，以保留天然的鲜味，呈现独特的结晶纹理。凝固在天然海盐中的海洋矿物质，可衬托甜味，令食物味道更浑厚和富有层次感。购买时一定要注意产地，因为产地便是风味所在。

6. 什么是酿造酱油？

- 一般以大豆或黑豆为主要原料，经浸泡、熬煮、接种菌种、培养曲、混合盐装入瓮缓慢发酵，经由酵母菌、乳酸菌将原料所含的蛋白质、糖类等营养成分分解成小分子的氨基酸、醛、酮或有机酸等呈味成分，经成熟、调味、杀菌、澄清及过滤。过程需120～180天，此方法历时久、费人工、占空间，价格相对也比较高。

- 平价的酱油一般不使用微生物，而改以盐酸进行水解，利用酸液将植物性蛋白原料加以水解，再经碱中和、过滤后调制而成氨基酸液。这种氨基酸液即是俗称的化学酱油。过程仅需5～7天，也有部分厂商采取传统酿造、酸水解并用的做法。这些酱油味道咸，缺乏诱人风味。

7. 什么是好的植物油?

- 用传统冷压方法,将油从种籽里压榨出来,未经化学炼制处理的植物油较好。制作烘焙或点心,我常用冷压苦茶油和米糠油(玄米油),发烟点较高,适合高温处理,同时也适合烹调菜肴。建议家里经常摆放 2 ~ 3 种油品,混合使用,更有益于身体健康。

8. 有机无漂白面粉和普通面粉有没有区别?

- 烘焙食物要达到膨胀松软,需要食材配合。商业制成品有可能会用漂白面粉、乳化剂、泡打粉等去做出高度膨松的口感。面粉本身不是纯白色的,可是大部分市售的白色面粉,有很大的可能经过漂白处理,面粉漂白后营养成分流失。选用不经漂白的有机面粉制作点心,比较安心。

9. 小苏打和泡打粉有区别吗?可以互相取代吗?

- 泡打粉也称"发粉",成分由小苏打及几种酸性化学物质组成,其中一些化学成分,近年被科学界怀疑与老年人痴呆症有关,使用过量会造成人体钙磷比例不均衡,导致钙质难以被人体吸收。

- 小苏打是天然的生物碱性膨松剂,与酸性塔塔粉调配,效果和市售的"无铝泡打粉"相似,使用时动作一定要快,因为配方一碰水便会释放二氧化碳,面团完成要立即入炉,不然气体会快速逸出。

- 塔塔粉是葡萄酒桶里自然产生的弱酸性结晶,它来自于葡萄里的酒石酸。可以平衡蛋白的碱性,使泡沫洁白稳定,体积增大。

10. 如何辨认"调温巧克力"与"非调温巧克力"?

- 包装标示 80% 可可,代表这块巧克力有 80% 的可可块,其余的是糖和乳质,可可脂比例越高越苦,味道越浓厚。可可脂比例最好在 30% 或以上。不同品牌的巧克力熔化温度有差异,调温时要留意包装上的说明。

- 检查油脂中的可可脂的成分,若包装上没有标示可可脂,而是椰油或棕榈油等其他植物油,就是非调温用的巧克力。这种巧克力不能完全在体温下溶解,溶化后不会极致滑顺,口感有蜡感。

- Green & Black's 采用有机可可豆和有机香草制造。Valrhona 法芙娜以精选可可豆品质制作的半成品调温巧克力,有巧克力业界中的爱马仕的称号。

11. 如何保存巧克力?

- 巧克力是娇贵的食品,最适合储存的温度在 5 ~ 18℃,若室温介于这个温度,可储存于阴凉通风处。若放入冰箱,要用塑料袋密封好。刚从冰箱取出的巧克力,切勿立即打开,让它慢慢回温至接近室温,巧克力表面就不会覆盖一层水气,影响巧克力的品质。

12. 如何挑选及处理肉类及海鲜？

✓选择有机、自由放养、不注射激素、无添加剂处理的动物产品。制作点心可选择便宜一点的部位，如猪腿或鸡大腿。鱼类海鲜，尽量选新鲜的，买回来未用，立即包装好，进行冷冻。

13. 没有干燥机、烤箱可以吗？以上两种都没有，怎么办？

✓无论是干燥机、烤箱、对流烤箱（光波炉），只要温度能控制在 40 ~ 50℃，都可以把食材干燥脱水。干燥机和烤箱的区别是干燥的空间面积和耗电量，干燥机本身的设计是长时间启动的，比烤箱省电，层架多，可一次干燥大量的食材。烤箱只能放置一两个层架，面积小，封闭的空间较难散去水汽，一次只能干燥很少的食材。

✓没有干燥机或烤箱，可以考虑传统方法，太阳日晒，条件是只能在日照良好、天气干燥、阳台或空旷空间进行，潮湿或下雨天不宜制作。天然干燥脱水的速度较慢，一般需时数天，并要罩上纱网防小虫，没太阳时需将食物收起来放入冰箱，干燥速度依赖于食物的厚度和空气的湿度。

14. 烤盘布（不粘布）是什么？

✓耐高温不粘玻璃纤维布，一般俗称烤盘布，做蛋糕饼干的基本配备之一，可完全取代铝箔纸，重复使用不易变形，不粘黏。奶酪、面团都能轻易地去除。

15. 制作糖果一定要用食用温度计吗？

✓当糖和水加热溶化后，水分蒸发，糖度变高，加热时间越长，糖水温度上升，水分蒸发越多，就变成浓稠流动性低的糖浆，糖浆冷却后口感依据糖浆的温度而有所不同。简单来说，糖浆温度越高，冷却后口感越硬。制作糖果的温度一般在120 ~ 150℃，目测是非常不准确的，用温度计作科学的测量既安全又准确。

图书在版编目（CIP）数据

纯天然手作零食 / 肥丁著. —北京：中国轻工业出版社，
2019.5

ISBN 978-7-5184-2359-0

Ⅰ.① 纯… Ⅱ.① 肥… Ⅲ.① 小食品－制作 Ⅳ.① TS205

中国版本图书馆CIP数据核字（2019）第010802号

《纯天然手作零食》中文简体版由大风文创授予中国轻工业出版
社出版发行，本著作限于中国大陆地区发行销售。

责任编辑：马　妍　　王艳丽

策划编辑：马　妍　　　　责任终审：张乃柬　　封面设计：奇文云海
版式设计：锋尚设计　　　责任校对：吴大鹏　　责任监印：张京华

出版发行：中国轻工业出版社（北京东长安街6号，邮编：100740）
印　　刷：北京富诚彩色印刷有限公司
经　　销：各地新华书店
版　　次：2019年5月第1版第1次印刷
开　　本：787×1092　1/16　印张：10
字　　数：180千字
书　　号：ISBN 978-7-5184-2359-0　定价：58.00元
邮购电话：010-65241695
发行电话：010-85119835　传真：85113293
网　　址：http://www.chlip.com.cn
Email：club@chlip.com.cn
如发现图书残缺请与我社邮购联系调换
181014S1X101ZYW